会泽县
主要气象灾害风险区划

吴永斌　胡颖　殷娴　王楚钦　庄嘉　等　编著

气象出版社
China Meteorological Press

图书在版编目（CIP）数据

会泽县主要气象灾害风险区划 / 吴永斌等编著 . --
北京 ：气象出版社 ,2019.8
　　ISBN 978-7-5029-7018-5

　　Ⅰ . ①会… 　Ⅱ . ①吴… 　Ⅲ . ①气象灾害－气候区划－
会泽县　Ⅳ . ①P429

中国版本图书馆 CIP 数据核字（2019）第 166901 号

Huize Xian Zhuyao Qixiang Zaihai Fengxian Quhua
会泽县主要气象灾害风险区划

出版发行：气象出版社
地　　址：北京市海淀区中关村南大街 46 号　　邮政编码：100081
电　　话：010-68407112（总编室）　010-68408042（发行部）
网　　址：http://www.qxcbs.com　　　E-mail：qxcbs@cma.gov.cn
责任编辑：颜娇珑　赵梦杉　　　　　　终　　审：吴晓鹏
责任校对：王丽梅　　　　　　　　　　责任技编：赵相宁
封面设计：楠竹文化　　　　　　　　　审 图 号：云 S（2019）046 号
印　　刷：北京建宏印刷有限公司
开　　本：710mm×1000mm　1/16　　　印　　张：6
字　　数：120 千字
版　　次：2019 年 8 月第 1 版　　　　　印　　次：2019 年 8 月第 1 次印刷
定　　价：35.00 元

序 一

精准脱贫攻坚战是决胜全面小康的三大攻坚战之一。"2020 年全面脱贫，不落下一人"是习近平总书记代表党中央向全党、全国人民、全世界作出的庄严承诺，是代表全党立下的"军令状"。坚决打赢打好脱贫攻坚战，是底线任务，更是政治任务。会泽县属国家级扶贫开发重点县和乌蒙山片区集中连片特殊困难地区县，是云南省 27 个深度贫困县之一，全县贫困面大、贫困程度深，脱贫攻坚任务十分艰巨。会泽县也是典型的山区农业大县，山高谷深，气象灾害频发，是云南省气象灾害最为严重的地区之一，群众因灾致贫、因灾返贫情况普遍。在举全县之力打赢打好脱贫攻坚战之际，本书的出版是气象助力脱贫攻坚的具体体现。

本书介绍了会泽县气候概况和气象灾害特征，利用灾害风险区划技术，揭示了会泽县主要气象灾害的地域风险，以图文并茂的形式把复杂的气象问题通俗易懂地表现出来，为科学防御气象灾害提供了较为详实的实证分析和科学依据，对政府部门制定气象灾害防御规划、建立应急响应机制、完善灾害救助制度、建立灾害风险管控和隐患排查治理体系起到了较好的参谋作用。

希望会泽县气象局充分发挥部门职能，不断增强气象监测预报预警能力、气象防灾救灾能力、应对气候变化能力和气候资源开发利用能力，提供更优质的气象服务。希望全县各级各部门居安思危，牢固树立气象安全生产防范意识，依托科技知识和科研成果，全面提升防灾减灾救灾的科技水平，为全面打赢打好会泽脱贫攻坚战、推动经济社会跨越发展作出新的贡献。

中共会泽县委书记 谭力华

（谭力华）

2019 年 3 月 4 日

序　二

　　气象灾害是自然灾害中最为频繁而又严重的灾害之一，气象灾害造成的影响，严重威胁人民生命财产安全和经济社会发展。云南是农业省份，靠天吃饭的现状还没有根本改变，气象灾害是制约云南高原特色农业发展的主要因素之一。气象灾害防御工作是政府部门的一项重要工作，是气象部门义不容辞的社会责任。气象灾害风险区划是气象灾害防御工作的重要组成部分，也是气象现代化和农业现代化的基础性工作。

　　本书通过研究会泽干旱、大风、冰雹、雷电、暴雨、低温雨雪冰冻等气象灾害的特征，综合分析气象灾害风险指标，建立气象灾害风险区划模型，完成了会泽县主要气象灾害风险区划，同时依据会泽县综合防灾减灾数据，绘制了气象防灾减灾地图，为会泽县气象灾害防御工作提供了科学依据。本书有利于提高对会泽县主要气象灾害时空分布特征和发生规律的认识；有利于指导气象防灾减灾救灾，减少气象灾害的损失；有利于提高应对气候变化能力、提高气候资源开发利用能力；有利于趋利避害、增产增收，指导会泽县特色农业产业发展。

　　本书的编辑出版，必将对提升会泽气象灾害防御能力起到积极的推动作用，可为管理者、相关科学技术人员开展基层气象灾害风险区划和气象灾害防御工作提供参考。

衷心希望云南省气象工作者在实践中不断深化和丰富对云南气象灾害的科学认识，提高气象服务的能力和水平。

云南省气候中心主任 *朱勇*

（朱勇）

2019 年 3 月 23 日

前 言

　　会泽是国家历史文化名城，"境内壁谷小江与金沙江会，车洪江与牛栏江会，至与鲁甸分界处牛栏江与金沙江又会，以数水所会定名，故曰会泽"。会泽气象灾害多发频发且造成的损失严重，远有乾隆二年（1737 年）"大水冲决木古等处，归公田 112 亩"的记载，近有 2014 年 5 月 1 日"严重暴雨和特大冰雹，造成 9 个乡（镇）12.64 万群众受灾"的灾情。会泽县气象防灾减灾形势严峻、责任重大、任务艰巨。

　　气象灾害风险区划是气象灾害防御工作的重要组成部分，也是气象防灾减灾救灾的重要基础，对政府部门制定防灾减灾救灾规划、建立气象灾害应急响应机制、提升气象灾害应急管理能力，最大限度地减轻气象灾害损失具有十分重要的意义。依托中国气象局山洪地质灾害防治气象保障工程项目，在经过大量调查和资料查阅基础上，历时一年多，《会泽县主要气象灾害风险区划》编著完成。

　　本书通过分析 1988—2017 年的气候观测资料、多年气象灾情资料以及 GIS 地理信息数据，研究会泽县区域内干旱、大风、冰雹、雷电、暴雨、低温冷害等主要气象灾害的特征，综合分析气象灾害的致灾因子、孕灾环境、承灾体、抗灾能力和灾情，完成了气象灾害风险区划，提出了会泽县主要气象灾害的地域风险，并综合气象防灾减灾数据，编制出了气象防灾减灾地图。供社会各界知悉会泽县气象灾害时空分布特征和发生规律，为防御气象灾害、应对气候变化、利用气候资源提供了科学依据和参考。

本书共分5章，第1章介绍会泽县地理地貌和气候概况，第2章介绍会泽县气象灾害特征，第3章介绍研究会泽县气象灾害风险区划的模型和方法，第4章分别对影响会泽县的干旱、大风、冰雹、雷电、暴雨、低温冷害等主要气象灾害给出风险区划结果，第5章通过分析会泽县气象防灾减灾的综合数据，编制形成会泽县气象防灾减灾地图。

本书由吴永斌、胡颖、殷娴、王楚钦、庄嘉、汤洁、王乔芳、李璨、付连登、刘琼、张荣、孙元坤编著，各章节的主要完成者为：第1章吴永斌、王乔芳、李璨、张荣；第2章吴永斌、王楚钦、汤洁、付连登、孙元坤；第3章殷娴、胡颖、王楚钦；第4章胡颖、殷娴、吴永斌、庄嘉；第5章吴永斌、胡颖、殷娴、庄嘉、刘琼；最后由吴永斌修改统稿。

会泽县主要气象灾害风险区划的编制工作得到了云南省气象局的支持，云南省气象灾害防御技术中心、曲靖市气象局和会泽县气象局的同仁给予了支持和协助，会泽县委办、政府办和各乡镇（街道），以及农业、民政、交通、水务、国土、烟草、保险等部门提供了相关灾情和信息，并在书稿的形成和定稿中提出了诸多宝贵意见，中共会泽县委书记谭力华为之作序，我敬爱的导师、云南省气候中心主任朱勇亲授指导亦为之作序，在此一并表示衷心感谢。

由于作者水平有限，如存在不妥之处，诚恳欢迎指正。

吴永斌

2019 年 3 月 23 日

目　录

序一

序二

前言

第1章　会泽县地理地貌和气候概况 ···································· 1

　　1.1　地理地貌 ·· 1

　　1.2　气候概况 ·· 2

第2章　会泽县气象灾害特征 ·· 14

　　2.1　干旱灾害 ··· 14

　　2.2　大风灾害 ··· 18

　　2.3　冰雹灾害 ··· 20

　　2.4　雷电灾害 ··· 22

　　2.5　暴雨洪涝灾害 ··· 25

　　2.6　低温雨雪冰冻灾害 ··· 27

第3章　会泽县气象灾害风险区划方法 ································ 31

　　3.1　气象灾害风险区划模型 ·· 31

　　3.2　指标权重计算方法 ··· 32

　　3.3　指标等级划分方法 ··· 34

　　3.4　空间分析方法 ··· 35

第 4 章　会泽县主要气象灾害风险区划 ·································· 36

　4.1　干旱灾害风险区划 ·· 36

　4.2　大风灾害风险区划 ·· 42

　4.3　冰雹灾害风险区划 ·· 49

　4.4　雷电灾害风险区划 ·· 56

　4.5　暴雨洪涝灾害风险区划 ···································· 64

　4.6　低温冷冻灾害风险区划 ···································· 70

第 5 章　会泽县气象防灾减灾地图 ·································· 78

　5.1　资料与方法 ·· 78

　5.2　会泽县气象防灾减灾地图 ·································· 81

主要参考资料 ·· 85

第 1 章
会泽县地理地貌和气候概况

1.1 地理地貌

会泽因境内金沙江、牛栏江、小江、以礼河、易通河等数水会合于此而得名。会泽县隶属于云南省曲靖市，位于云南省东北部、金沙江东岸、曲靖市西北部，地处东经103°03′～103°55′、北纬25°48′～27°04′之间，东邻宣威市、贵州省威宁县，南与沾益区、寻甸县毗邻，西接东川区、巧家县，北与鲁甸县接壤。县境东西最大横距84千米，南北最大纵距138千米，面积5854平方千米，山区占95.7%。县城海拔2120米，距曲靖市区约178千米，距云南省会昆明约210千米。会泽县辖23个乡（镇、街道），包括金钟、古城、宝云3个街道，娜姑、者海、矿山、乐业、迤车、大井、待补7个镇，大海、老厂、五星、大桥、纸厂、马路、火红、新街、雨碌、鲁纳、上村、驾车、田坝13个乡。

会泽县地处滇东高原与黔西高原结合部，位于乌蒙山系主峰地段。山高谷深，沟壑纵横。山川相间排列，山区、河谷条块分布。地势南高北低，呈阶梯状下降，境内最高峰大海梁子牯牛寨海拔4017米，为曲靖市最高峰。最低处为小江与金沙江交汇处，海拔695米，为曲靖市最低点，相对高差3322.3米。境内主要河流有牛栏江、小江、以礼河等，流域面积5854平方千米。

会泽县的地貌景观主要有三种类型：以山地地貌为主，次为盆地地貌，部分为冰川地貌。山地地貌，面积约5600平方千米。盆地地貌，盆地俗称坝子，面积250余平方千米。境内大于1平方千米的盆地共25处，耕地大于1万亩[①]的槽坝有5处，俗称"三坝两槽"，即县城（金钟、古城、宝云街道）、者海、娜姑坝子及迤车、乐业槽子。冰川地貌，总面积22平方千米。县境内有大小山岭

---

① 1亩≈666.67平方米，下同。

300 余道。大海梁子、老乌青山、老箐营山、火红梁子和马路梁子 5 道狭长高大的山岭，构成会泽山地的基本骨架，成为小江、牛栏江、以礼河、硝厂河等河流的分水岭。大海梁子：由南向北绵亘 40 余千米，面积 360 平方千米，最高峰海拔 4017 米。老乌青山：又名大桥梁子，在县境西北，由西南向北伸延 30 千米，面积 180 平方千米，最高峰海拔 3092 米。老箐营山：又名驾车梁子，在县境东部偏南，南北长 30 千米，面积 100 平方千米，最高峰海拔 2910 米。火红梁子：在县境北部，南北长 30 千米，面积 180 平方千米，最高峰海拔 2659 米。马路梁子：在县境最北端，南北走向，北抵牛栏江，最高峰海拔 2653 米（见图 1.1）。

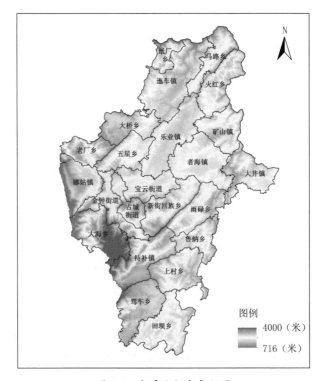

图 1.1　会泽县数字高程图

1.2　气候概况

会泽县属典型的温带高原季风气候，四季不明，夏无酷暑，冬季冷寒，干湿分明。相对于云南中、南部而言，会泽县处于气温较低的地区，按照气候学相关标准，会泽县城区基本无夏，春秋相连，每年有 4 个月左右的冬季（候平均气温稳定低于 10 ℃）。会泽县平均海拔 2200 米以上，高原空气稀薄，日照时间长，年平均日照 2265.1 小时，年平均气温 13.4 ℃，春季升温快，秋季降温快。

会泽县立体气候特点显著，从南亚热带至寒温带气候均有分布，以南温带和中温带为主。西南部高海拔地区有部分高原气候带，小江流域及牛栏江流域部分地区以亚热带气候为主。小江、牛栏江流域及大海梁子等地气候呈垂直分布，表现为山脚赤日炎炎，酷暑难耐；山顶云雾缭绕，寒气袭人。大海草山是会泽县海拔较高的地区，五月飘雪、七月飞霜的天气现象屡见不鲜，是典型的高原气候。"一山分四季，十里不同天"是会泽县气候特征的真实写照。

会泽县气象灾害以干旱、大风、冰雹、雷电、暴雨洪涝、低温冷害为主。此外，暴雪、森林火灾、地震、滑坡、泥石流均带来不同程度的危害。

1.2.1　气温

（1）平均气温

会泽县平均气温以夏季最高，其次是春季、秋季，冬季最低。1988—2017年，春、夏、秋、冬季平均气温分别为 14.7 ℃、18.8 ℃、13.0 ℃、6.7 ℃。会泽县年平均气温为 13.4 ℃，年平均气温的最大值出现在 2015 年，为 14.6 ℃；最小值出现在 1989 年，为 12.2 ℃；年平均气温在河谷和坝子高，在山区和梁子低，其中娜姑镇最高、大海乡最低（见图 1.2）。

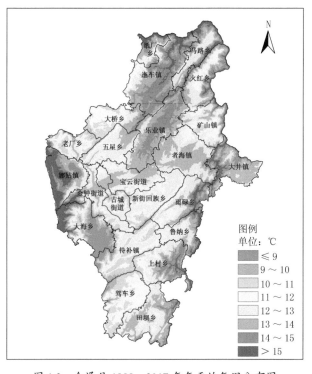

图 1.2　会泽县 1988—2017 年年平均气温分布图

会泽县最冷月为1月，平均气温为5.7 ℃；最热月为7月，平均气温为19.1 ℃，气温年较差为13.4 ℃（见图1.3）。月平均气温最大值为20.6 ℃，出现在2006年7月；最小值为1.7 ℃，出现在2008年2月。

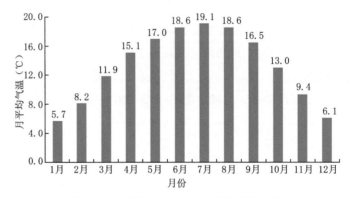

图1.3　会泽县1988—2017年月平均气温

1988—2017年，会泽气象站年平均气温均呈上升趋势，上升速率为0.7 ℃/10年。就年平均气温年代际变化而言，20世纪80年代至90年代中期多数年份在均值以下，90年代后期以来逐渐升高，最高值出现在2015年（见图1.4）。

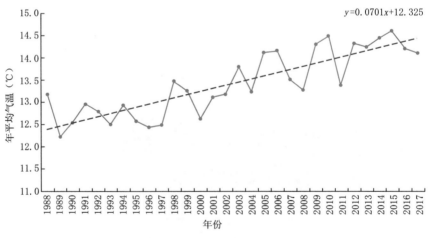

$y=0.0701x+12.325$

图1.4　会泽县1988—2017年年平均气温变化图

（2）多年平均最高气温

1988—2017年，会泽县年平均最高气温为19.4 ℃。年平均最高气温的最大值为20.6 ℃，出现在2014年；最小值为18.4 ℃，出现在1989年。

平均最高气温以夏季最高，其次是春季、秋季，冬季最低。会泽县春、夏、秋、冬季平均最高气温分别为 21.5 ℃、23.8 ℃、18.5 ℃、13.3 ℃。

会泽县多年平均月最高气温最低值出现在 12 月，为 12.4 ℃；多年平均月最高气温最高值出现在 7 月，为 23.9 ℃（见图 1.5）。月平均最高气温的最大值为 26.7 ℃，出现在 2005 年的 5 月；最小值为 7.9 ℃，出现在 2008 年的 2 月。

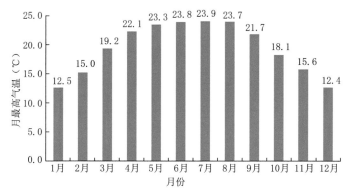

图 1.5　会泽县 1988—2017 年多年平均月最高气温

1988—2017 年，会泽县年平均最高气温均呈上升趋势，上升速率为 0.6 ℃/10 年。就年平均最高气温年代际变化而言，20 世纪 80 年代至 90 年代中期，年平均最高气温较低，90 年代后期以来呈现明显的增加趋势，与年平均气温变化趋势比较一致（见图 1.6）。

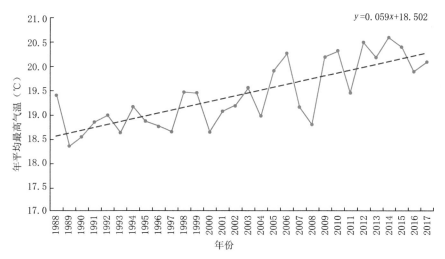

图 1.6　会泽县 1988—2017 年年平均最高气温变化图

（3）平均最低气温

1988—2017 年，会泽县年平均最低气温为 9.1 ℃。年平均最低气温的最大值出现在 2015 年，为 10.6 ℃；最小值出现在 1989 年，为 7.6 ℃。

平均最低气温以夏季最高，其次是秋季、春季，冬季最低。会泽县春、夏、秋、冬季平均最低气温分别为 8.9 ℃、15.1 ℃、8.9 ℃、1.5 ℃。

会泽县多年平均月最低气温 1 月最低，为 0.9 ℃；7 月最高，为 15.7 ℃（见图 1.7）。月平均最低气温的最大值为 17.4 ℃，出现在 2013 年 7 月；最小值为 -2.0 ℃，出现在 2011 年 1 月。

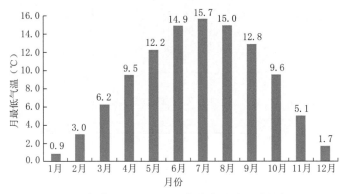

图 1.7　会泽县 1988—2017 年多年平均月最低气温

1988—2017 年，会泽县年平均最低气温均呈上升趋势，上升速率为 0.9 ℃ /10 年。就年平均最低气温年代际变化而言，20 世纪 80 年代和 90 年代中期年平均最低气温偏低，90 年代后期以来呈现明显的增加趋势，与年平均气温、年平均最高气温变化趋势比较一致（见图 1.8）。

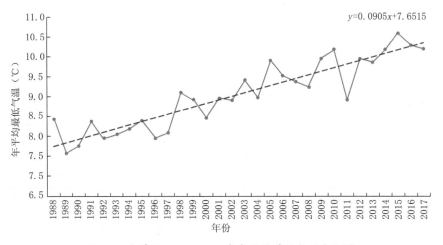

图 1.8　会泽县 1988—2017 年年平均最低气温变化图

（4）活动积温

活动积温，即作物某时段或某生长季节内逐日活动温度的总和，是表征一个地区热量资源、作物生长发育对热量要求的主要指标。活动积温越多，表示某地气候热量资源越丰富，生物生长发育所需的热量越充分。当日平均气温稳定上升到 10 ℃以上时，大多数农作物才能活跃生长。我国通常用≥10 ℃持续期内的日平均气温累加得到的气温总和来反映各气候带的热状况。

从图 1.9 可看出，会泽县≥10 ℃活动积温呈现四周高，中间低的趋势。≥10 ℃活动积温高值区包括北部的纸厂乡、马路乡一带，西部的娜姑镇、东部的大井镇等区域，≥10 ℃活动积温在 4500～5000 ℃·天。≥10 ℃活动积温低值区包括大海乡、驾车乡北部，这些区域大多为山区或海拔较高区域，年平均温度也相对较低，≥10 ℃活动积温大多在 2000～2500 ℃·天。

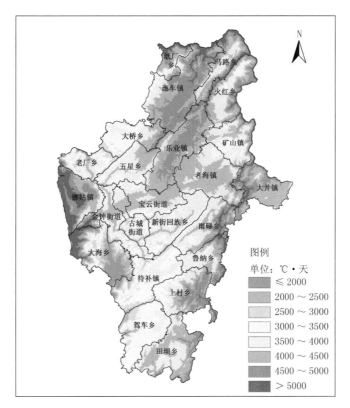

图 1.9　会泽县≥10 ℃活动积温分布图

从图 1.10 可看出，会泽县≥15 ℃活动积温区域与≥10 ℃活动积温区域差别不大，高值区包括北部的纸厂乡、马路乡一带，西部的娜姑镇，东部的大井镇等区域，≥15 ℃活动积温在 3500～4000 ℃·天。≥15 ℃活动积温低值区包括大海乡、驾车乡、大桥乡，这些区域大多为山区或海拔较高区域，年平均温度也相对较低，≥15 ℃活动积温大多在 1000～1500 ℃·天。

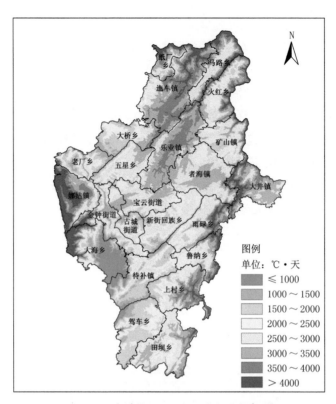

图 1.10　会泽县 ≥ 15 ℃活动积温分布图

从图 1.11 可看出，会泽县 ≥ 22 ℃活动积温区域低值区所占比重较大，高值区只有北部的纸厂乡、马路乡一带以及西部的娜姑镇，≥ 22 ℃活动积温在 3000 ～ 3500 ℃·天。≥ 22 ℃活动积温低值区包括大海乡、驾车乡、待补镇、大桥乡、县城（金钟、古城、宝云街道）等大部分区域，这与会泽县年平均温度相对较低有关，温度 ≥ 22 ℃的时间段较短。≥ 22 ℃活动积温大多在 500 ～ 1000 ℃·天。

1.2.2　降水

1988—2017 年，会泽县年平均降水量为 783.1 毫米。年降水量的最大值为 1034.4 毫米，出现在 1997 年；最小值为 514.5 毫米，出现在 1989 年。

降水量以夏季最多，其次是秋季、春季，冬季最少。会泽县春、夏、秋、冬季平均降水量分别为 125.1 毫米、469.3 毫米、158.9 毫米、30.0 毫米。

会泽县月平均降水量 7 月份最多，为 167.0 毫米；12 月份最少，为 5.6 毫米（见图 1.12）。会泽县月降水量的最大值为 287.2 毫米，出现在 1997 年 7 月。

1988—2017 年，会泽县年降水量呈减少趋势，其减少速率为 10.2 毫米/10 年。

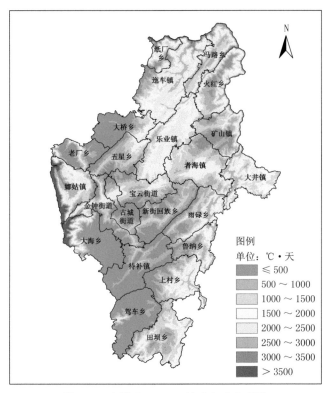

图 1.11 会泽县 ≥ 22℃ 活动积温分布图

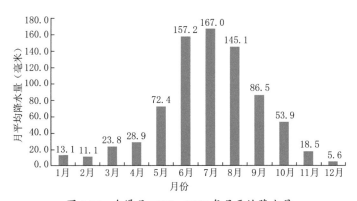

图 1.12 会泽县 1988—2017 年月平均降水量

就年降水量年代际变化而言，20 世纪 80 年代至 90 年代初，年降水量较少。90 年代中期至本世纪初，年降水明显偏多，之后出现较大幅度的波动（见图 1.13）。

1.2.3 风

1988—2017 年会泽县平均风速以春季最大、冬季、秋季其次，夏季最小。会泽县春、夏、秋、冬季平均风速分别为 3.4 米 / 秒、2.0 米 / 秒、2.2 米 / 秒、

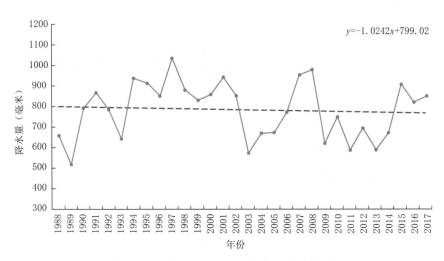

$y=-1.0242x+799.02$

图 1.13　会泽县 1988—2017 年年降水量变化图

3.3 米／秒。多年月平均风速最大的月份为 3 月，为 3.9 米／秒，多年月平均风速最小的为 8 月，为 1.8 米／秒（见图 1.14）。月平均风速的最大值为 6.2 米／秒，出现在 1995 年 4 月，最小值为 0.9 米／秒，出现在 1999 年 9 月。

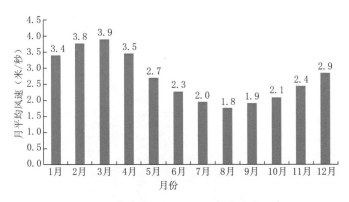

图 1.14　会泽县 1988—2017 年月平均风速

　　1988—2017 年，会泽县多年平均风速为 2.7 米／秒。年平均风速最大值为 3.3 米／秒，出现在 1991 年，年平均风速的最小值为 1.7 米／秒，出现在 2017 年。

　　1988—2017 年，会泽县年平均风速总体呈减小趋势。就年平均风速年代际变化而言，20 世纪 80 年代至 90 年代中期，年平均风速明显高于均值，90 年代后期出现明显的下滑，1998 年以后总体呈降低趋势（见图 1.15），这与城市化建设造成探测环境受到影响有一定关系。

　　会泽县位于昆明准静止锋活动区，风向随静止锋的进退变化较大。由图

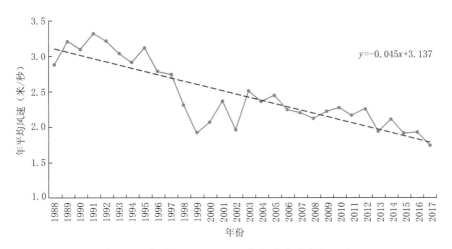

图 1.15 会泽县 1988—2017 年年平均风速变化图

图中斜线方程为 $y=-0.045x+3.137$

1.16 可以看出，会泽县一年中东北风—东风与西南风—西风的出现频率都很高，两区间风向频率均占 33% 以上，全年静风频率为 19%。

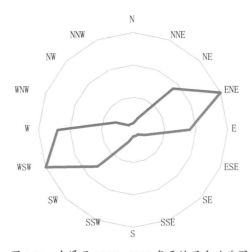

图 1.16 会泽县 1988—2017 年平均风向玫瑰图

1.2.4 日照

1988—2017 年，会泽县年平均日照时数 2265.1 小时。年日照时数的最大值为 2511.5 小时，出现在 2013 年；最小值为 1991.4 小时，出现在 1989 年。

会泽县日照平均时数以春季最多，其次是冬季、夏季，秋季最少。会泽县春、夏、秋、冬季平均日照时数分别为 710.0 小时、481.8 小时、473.2 小时、

600.1 小时。

会泽县日照平均时数最多的月份是 3 月，为 247.5 小时；最少的月份为 9 月，为 142.5 小时（见图 1.17）。月日照时数最大值为 311.2 小时，出现在 1994 年 4 月；最小值为 63.7 小时，出现在 1989 年 10 月。

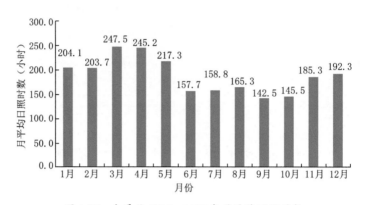

图 1.17 会泽县 1988—2017 年月平均日照时数

1988—2017 年，会泽县年日照时数呈增多趋势，增速为 91.5 小时 /10 年。就年日照时数年代际变化而言，20 世纪 80 年代至 90 年代前期围绕均值波动比较大，90 年代中期至 21 世纪前期维持较高值，之后出现较大的波动（见图 1.18）。

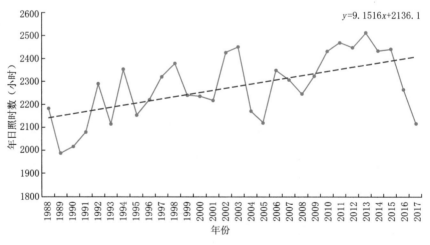

图 1.18 会泽县 1988—2017 年年日照时数变化图

1.2.5 湿度

1988—2017 年，会泽县年平均相对湿度为 68.4%。年平均相对湿度的最大值为 76.9%，出现在 1995 年；最小值为 63.2%，出现在 2010 年。

相对湿度以秋季最大，其次是夏季、冬季，春季最小。会泽县春、夏、秋、冬季平均相对湿度分别为 58.3%、77.3%、77.5%、63.2%。

会泽县月平均相对湿度最大的是 10 月，为 80.5%，最小的月份是 3 月，为 53.4%（见图 1.19）。会泽县月平均相对湿度最大值为 88%，出现在 1991 年 10 月；最小值为 35%，出现在 2010 年 2 月。

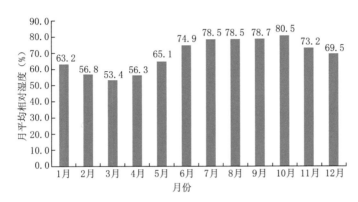

图 1.19　会泽县 1988—2017 年月平均相对湿度

1988—2017 年，会泽县年平均相对湿度呈减小趋势，减小速率为 3.5%/10 年。就年平均相对湿度年代际变化而言，20 世纪 80 年代至 90 年代，维持较高值且比较平稳，2000 年后下降较为明显（见图 1.20）。

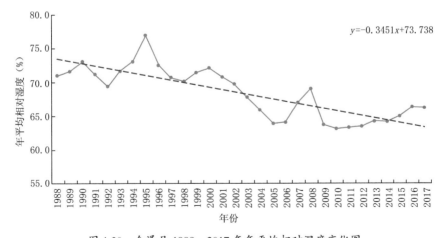

$y=-0.3451x+73.738$

图 1.20　会泽县 1988—2017 年年平均相对湿度变化图

第 2 章
会泽县气象灾害特征

2.1 干旱灾害

干旱通常指长期无雨或少雨，水分不足以满足人的生存和经济发展的气候现象。干旱会造成土壤水分不足，农作物水分平衡遭到破坏而减产或欠收，也会导致水资源短缺，影响工业生产、城市供水和生态环境，大气环流形势的变化是造成干旱的主要原因。干旱从古至今都是人类面临的主要自然灾害，即使在科学技术发达的今天，它仍常常造成灾难性后果。尤其值得注意的是，随着人类的经济发展和人口膨胀，水资源短缺现象日趋严重，这也直接导致了干旱地区的扩大与干旱化程度的加重，干旱化趋势已成为全球关注的问题。

2.1.1 干旱年际变化

干旱是会泽县最为严重的气象灾害之一。干旱从季节上可分为春旱、初夏旱、夏伏旱、秋旱、冬旱。春旱一般发生于 3—5 月，春季是农作物播种时间，春旱持续少雨给农作物生长带来危害。初夏旱发生于 6 月中上旬，此时正值小麦等夏田作物抽穗、扬花期，需水量相当大，初夏旱对农作物产量有很大影响。夏伏旱是指盛夏三伏期间的干旱，主要发生于 7—8 月，这时作物生长旺盛、需水多、抗旱能力弱，干旱发生时太阳辐射强、温度高、空气干燥、蒸发力强，夏伏旱对农作物的危害特别大。秋旱主要发生于 9—11 月，9 月以后，副热带高压迅速南退东撤，雨带逐渐南移，如果副热带高压的撤退比常年快，使有些地区降水显著偏少，则会发生秋旱。秋旱灾害，轻则作物减产，重则河湖干涸，井泉枯竭，田土龟裂，禾稼枯死，人畜饮水困难。冬旱是指发生在 12 月至次年 2 月的干旱，云南省为季风气候，降水集中在夏季，冬季多偏北大风，降水一般很少。

冬旱会减少土壤底墒，影响越冬作物的返青生长和春播作物的出苗，若冬春连旱，其危害就更加严重。

会泽县位于云南省东北部地区，降水主要来自西南季风。西南季风从印度洋来，登陆比较晚，导致会泽县春季降水偏少。会泽县农作物生长期长，春季农作物生长需要大量水分，加之蒸发旺盛，农作物生长缺水严重。会泽县干湿季分明，干季降水少，干旱发生较多，尤以初夏干旱出现年份最多，对水稻等大春作物影响最严重。

1988—2017 年，会泽县出现严重春旱的年份共 6 年，严重春旱出现频率为 20%，从 2004—2013 年，降水量急剧减少，春旱反复发生，2010、2013 年旱情较为严重，增加率为 0.013 次 /10 年（见图 2.1）。

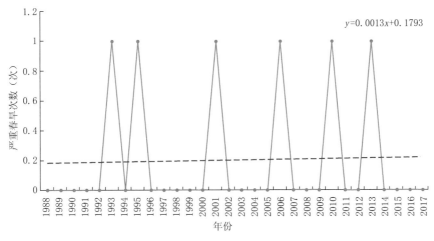

图 2.1　会泽县 1988—2017 年春旱次数变化图

相较于其他旱灾，初夏旱发生的次数最多，20 世纪 80 年代至 90 年代频发，21 世纪以后发生次数相对较少，天数呈减少趋势，减少率为 4 天 /10 年。其中，2012 年初夏旱持续时间最长，为 31 天；1988 年初夏旱持续时间最短，为 15 天（见图 2.2）。

夏伏旱一般出现在 6—8 月，因为 6—8 月是会泽县的雨季，因此夏伏旱出现的次数较少。1988—2017 年，6—8 月出现夏伏旱的频率分别为 6.7%、3.3%、3.3%，21 世纪以后仅出现过一次夏伏旱，呈减少的趋势，减少率为 0.09 次 /10 年（见图 2.3）。

相较于其他旱灾，秋旱发生次数仅次于初夏旱，虽然秋旱出现的次数相对分布均匀，但是仍呈现缓慢下降的态势，减少率为 0.06 次 /10 年（见图 2.4）。其中，2004 年和 2011 年 9 月、10 月连续两个月均出现了秋旱。

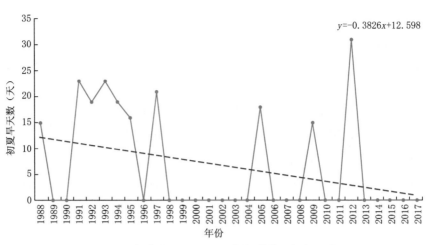

$y=-0.3826x+12.598$

图 2.2　会泽县 1988—2017 年初夏旱天数变化图

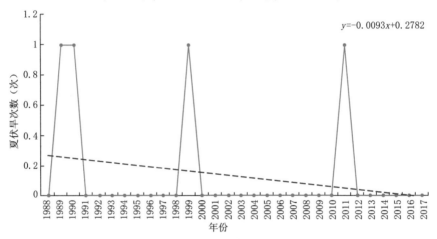

$y=-0.0093x+0.2782$

图 2.3　会泽县 1988—2017 年夏伏旱次数变化图

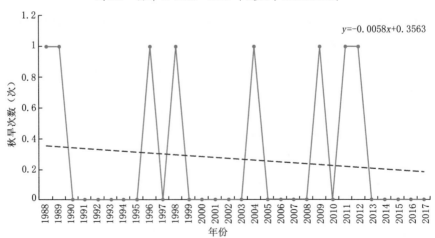

$y=-0.0058x+0.3563$

图 2.4　会泽县 1988—2017 年秋旱次数变化图

会泽县出现冬旱的频率为 13.3%。总体呈现增加的趋势，增长率为 0.04 次 / 10 年（见图 2.5）。

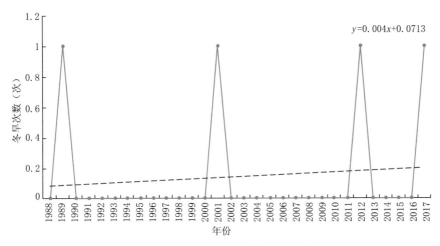

图 2.5　会泽县 1988—2017 年冬旱次数变化图

2.1.2　干旱灾害特征

1988—2017 年期间，会泽县干旱灾害频发，共有 20 年出现干旱灾害。仅 2005 年、2009 年、2010 年、2012 年四年干旱就造成 139 830.70 公顷作物受灾，经济损失达 32 440 万元，受灾人口达 1 214 500 人，受灾牲畜 602 362 头。从图 2.6 可以看出，灾害最多的年份是 1989 年和 2012 年，均发生了夏秋冬三季连旱。

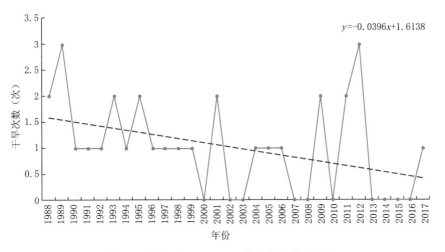

图 2.6　会泽县 1988—2017 年干旱次数变化图

干旱灾害一般持续时间长、影响区域广，会泽县干旱灾害的区域特征是坝区灾情相对较轻，山区灾情相对较重。

2.2 大风灾害

大风灾害通常是指八级以上大风造成的灾害，对农业的破坏性很强。大风灾害会造成土壤风蚀沙化，对农作物产生机械损伤，同时也影响农事活动和破坏农业生产设施，还会传播病原体、蔓延植物病害和扩散污染物质等。对会泽县农业生产有害的风主要是季节性大风和地方性局地大风。

2.2.1 大风日数

1988—2017 年，会泽县年平均大风日数为 18 天。年大风日数最多的一年为 39 天，出现在 1994 年；2000 年最少，全年没有出现大风。

会泽县大风日数以春季最多，其次是冬季、秋季，夏季最少。会泽县春、夏、秋、冬季平均大风日数分别为 11 天、1 天、1 天、8 天。会泽县大风日数平均最多的月份是 3 月，为 6.2 天；6—10 月最少，几乎没有大风出现，这 5 个月加起来仅为 0.4 天（见图 2.7）。月大风日数最多为 16 天，出现在 1991 年 3 月和 1996 年 3 月。

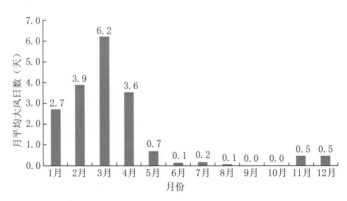

图 2.7　会泽县 1988—2017 年月平均大风日数

1988—2017 年，会泽县年大风日数呈减少趋势，减少速率为 6 天 /10 年。就年大风日数年代际变化而言，20 世纪 80 年代中、前期大风日数在均值附近波动，80 年代末至 90 年代中期，大风日数明显增多，90 年代后期出现急剧下降，2000 年甚至未出现大风，之后又有所回升，但是仍维持在一个较低水平（见图 2.8）。

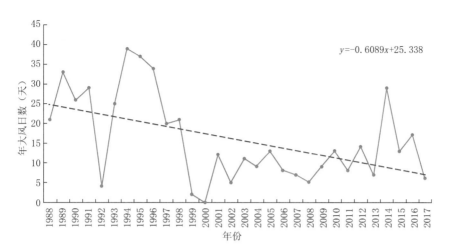

$y=-0.6089x+25.338$

图 2.8　会泽县 1988—2017 年年大风日数变化图

2.2.2　极大风速

1988—2017 年，会泽县极大风速（瞬间最大风速）为 27.2 米／秒，出现在 2015 年 2 月。3 月平均极大风速最高，达 20.9 米／秒，9 月最低，为 12.1 米／秒，整体春、冬两季极大风速明显高于夏、秋两季（见图 2.9）。

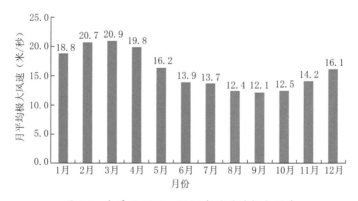

图 2.9　会泽县 1988—2017 年月平均极大风速

2.2.3　大风灾害特征

2003—2017 年期间，会泽县遭遇大风灾害 67 次，共造成 7355.945 公顷作物受灾，经济损失达 6645.02 万元，受灾人口达 38 601 人。

从图 2.10 可看出，会泽县 21 个乡镇 2003—2017 年间遭遇的大风灾害差异性较大，最少的为 0 次，最多的有 8 次，其中，迤车镇、雨碌乡大受风灾害最多，驾车乡次之，达到 7 次。县城（金钟、古城、宝云街道）累计大风灾害次数达到

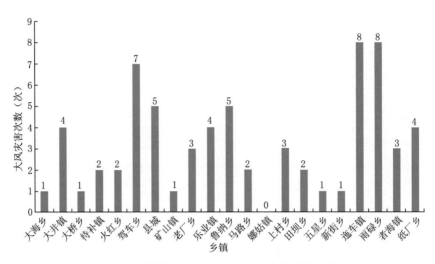

图 2.10　会泽县 2003—2017 年大风灾害区域分布图

5 次。

图 2.11 为会泽县 2003—2017 年大风灾害的年分布图，从图中可以看出会泽县受大风灾害次数总体呈下降趋势，受灾害最多年份为 2007 年，达到 21 次。

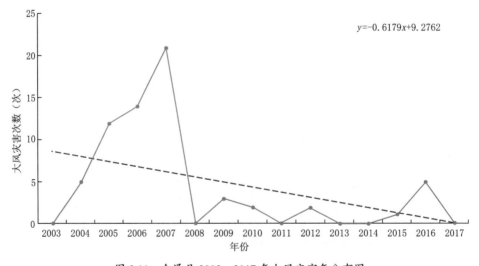

$y=-0.6179x+9.2762$

图 2.11　会泽县 2003—2017 年大风灾害年分布图

2.3　冰雹灾害

冰雹是在强对流天气形势下产生的一种固体降水，形成冰雹低层要有充沛的水汽，要有很厚的上干下湿分布的对流性不稳定气层，且在这一气层中要有自下向上急骤增大的垂直风切变和适宜高度的 0 ℃温度层、−20 ℃温度层，在这几种条件都具备的情况下，就形成了冰雹。当上升气流托不住体重增大的冰雹时，冰雹就从天而降。冰雹对烤烟等农作物的生长极为不利，也会给生产生活带来不利影响。

2.3.1　冰雹日数

会泽县多年平均冰雹日数为 1 天，最多年 1989 年、2012 年为 2 天。在季节分布上，以春季 3—5 月降雹日数最多，夏季 6—8 月次之，其他月份均未出现冰雹日（见图 2.12）。

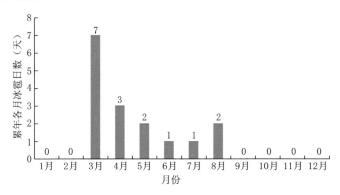

图 2.12　会泽县 1988—2017 年月平均冰雹日数

2.3.2　冰雹灾害特征

冰雹灾害的主要特征为：局地性强，每次冰雹的影响范围一般宽几十米到数千米，长数百米到十多千米。历时短，一次狂风暴雨或降雹时间一般只有 2～10 分钟，少数在 30 分钟以上。受地形影响显著，地形越复杂，冰雹越易发生。年际变化大，在同一地区，有的年份连续发生多次，有的年份发生次数很少，甚至不发生。冰雹大多出现在 4—8 月。在这段时期，暖空气活跃，冷空气活动频繁，冰雹容易产生。一般而言，会泽县降雹多发生在春、夏、秋 3 季。从每天出现的时间看，在下午到傍晚为最多，因为这段时间的对流作用最强。

2003—2017 年期间，会泽县遭遇冰雹灾害 226 次，共造成 27 490.88 公顷作物受灾，经济损失达 22 807.24 万元，受灾人口达 61 834 人。从图 2.13 可看出，会泽县 21 个乡镇 2003—2017 年间遭遇的冰雹灾害差异性较大，最少的为 3 次，最多的有 27 次，其中，迤车镇遭受冰雹灾害最多，马路乡次之，达到 19 次。县城（金钟、古城、宝云街道）累计遭受冰雹灾害次数达到 13 次。

图 2.14 为会泽县冰雹灾害的年分布图，2003—2017 年间冰雹灾害次数总体呈下降趋势，受灾最多年份为 2011 年，达到 31 次。

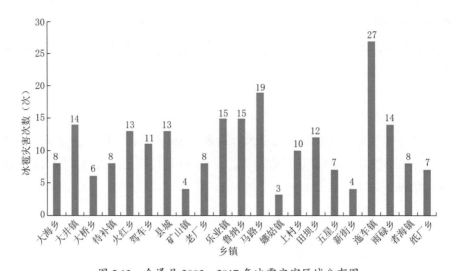

图 2.13　会泽县 2003—2017 年冰雹灾害区域分布图

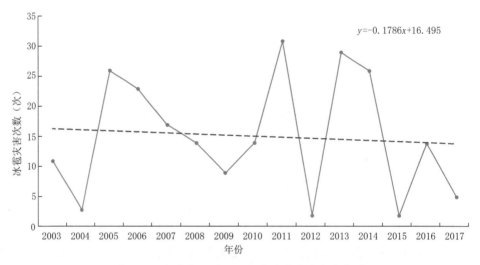

图 2.14　会泽县 2003—2017 年冰雹灾害年分布图

2.4　雷电灾害

　　雷电灾害被联合国"国际减灾十年"确定为最严重的十种自然灾害之一。雷电是发生于大气中的一种瞬时高电压、大电流、强电磁辐射的灾害性天气现象。雷电多伴随强对流天气产生，闪电按其发生的空间位置可分为云地闪电、云内闪电、云际闪电等。雷电产生的高温、猛烈的冲击波以及强烈的电磁辐射等物理效应，使其能在瞬间产生巨大的破坏作用。常常会造成人员伤亡，还可能会击毁建筑物、供配电系统、通信设备，造成计算机信息系统中断，危害人民财产和人身安全。随着社会经济发展和现代化水平的提高，特别是信息技术的快速发展，城市高层建筑物的日益增多，雷电灾害的危害程度和造成的经济损失及社会影响也越来越大。

2.4.1 雷暴日数

会泽县年平均雷暴日数为 46 天，属于多雷区（雷暴日数是表征雷电活动频繁程度的重要参数，是在指定区域内一年中所有发生雷电放电的天数）。

雷暴日数最多年是 1959 年，为 75 天，最少的是 1987 年，为 28 天。在季节分布上，夏季雷暴日数最多，春季次之，冬季最少，秋季次之，月份上最多的是 8 月，最少的是 12 月。

从各年代分布来看，19 世纪 50 年代至 20 世纪以来的，每 10 年为一年代的平均雷暴日数分别为 57 天、51 天、47 天、47 天、43 天、40 天。19 世纪 50 年代最多，2010 年以来最少，递减趋势明显。从会泽县年平均地闪密度图（图 2.15）来看，会泽县年平均地闪密度总体呈东高西低态势，东部和南部地区雷电活动较为频繁，危险性相对较大。

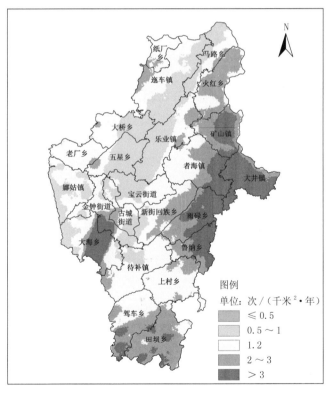

图 2.15　会泽县年平均地闪密度图

2.4.2 雷电灾害特征

2002—2017 年期间，会泽县遭遇雷电灾害 10 次，共造成 2447.79 公顷作物受灾，经济损失达 1930.19 万元，受灾人口达 19 634 人，伤亡人数达 7 人。从图 2.16 可看出，会泽县 21 个乡镇 2002—2017 年间遭遇的雷电灾害较少，发生雷电灾害的都仅有一次，大井镇、待补镇、矿山镇、老厂乡等区域没有雷电灾害发生。县城（金钟、古城、宝云街道）累计雷电灾害次数只有 1 次。

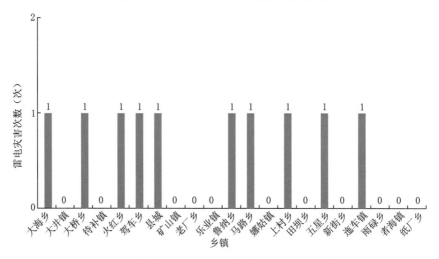

图 2.16　会泽县 2002—2017 年雷电灾害区域分布图

图 2.17 为会泽县雷电灾害的年分布图，2002—2017 年间雷电灾害发生次数总体呈下降趋势，受灾最多年份为 2002 年，也只有 3 次。

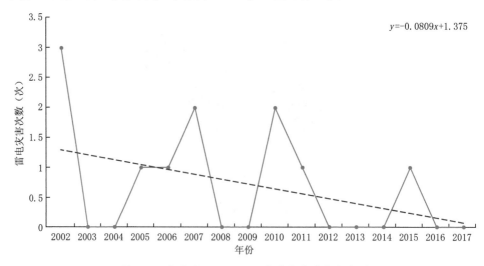

图 2.17　会泽县 2002—2017 年雷电灾害年分布图

2.5 暴雨洪涝灾害

一般 24 小时降水量为 50 毫米或以上的雨称为"暴雨"。暴雨是我国主要气象灾害之一。由于暴雨来得快，雨势猛，往往容易造成洪涝灾害和严重的水土流失，导致工程失事、堤防溃决和农作物被淹等，造成人员伤亡和重大经济损失。

2.5.1 降水量年际变化

1988—2017 年会泽县年降水量呈减少趋势，减少速率为 10.2 毫米 /10 年。这 30 年中从降水量的年代际变化特征分析来看，在 1988—1997 年会泽县年降水量呈增加趋势，1997—2002 年降水量呈缓慢减少趋势，2003 年急速下降，距平值达到 -209 毫米，之后 2004—2007 年呈增加趋势，2008 年后又开始减少。2009—2014 年会泽县降水量变化趋势有所减缓，2015 年后又呈上升趋势（见图 2.18）。

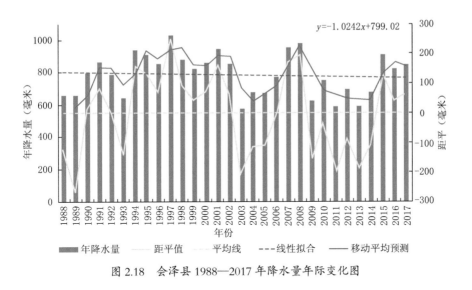

图 2.18　会泽县 1988—2017 年降水量年际变化图

2.5.2 降水日数年际变化

会泽县日降水量≥ 0.1 毫米的多年平均降水日数为 120 天，1988—2002 年为 69 ～ 149 天，最多的 1990 年有 149 天，最少的 1992 年有 69 天，前 15 年平均为 127 天。2003—2017 年为 86 ～ 128 天，平均 113 天。从线性变化趋势来看（见图 2.19），会泽县≥ 0.1 毫米的年降水日数呈减少趋势，变化速率为 5 天 /10 年。

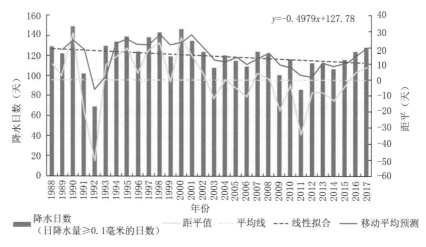

$y = -0.4979x + 127.78$

图 2.19　会泽县 1988—2017 年降水日数年际变化图

2.5.3　暴雨日数

1988—2017 年，会泽县年平均暴雨日数为 1 天。最多年份为 1997 年，出现 3 个暴雨日。会泽县暴雨发生的频次不高，但一旦出现暴雨，就可能引发局地洪涝，成灾概率较大。

2.5.4　日最大降雨量

1988—2017 年，会泽县日最大降雨量为 98.7 毫米，出现在 1998 年 6 月 18 日。

2.5.5　暴雨洪涝灾害特征

2003—2017 年期间，会泽县遭遇暴雨洪涝灾害 323 次，共造成 34 758.995 公顷作物受灾，经济损失达 45 896.59 万元，受灾人口达 2 543 479 人。从图 2.20

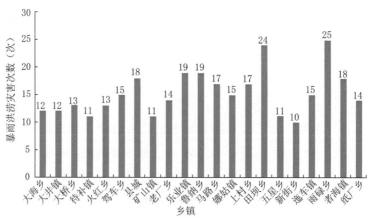

图 2.20　会泽县 2003—2017 年暴雨洪涝灾害区域分布图

可看出，会泽县 21 个乡镇 2003—2017 年间遭遇的暴雨洪涝灾害均在 10 次以上。其中，雨碌乡暴雨洪涝灾害最多，高达 25 次，田坝乡次之，达到 24 次。县城（金钟、古城、宝云街道）累计暴雨灾害次数达到 18 次。

图 2.21 为会泽县暴雨洪涝灾害的年分布图，2003—2017 年间暴雨洪涝灾害次数总体呈上升趋势，受灾最多年份为 2015 年，达到 92 次。

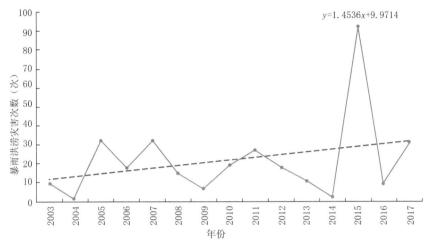

图 2.21　会泽县 2003—2017 年暴雨洪涝灾害年分布图

2.6　低温雨雪冰冻灾害

低温灾害易发于冬季，它是因北方强冷空气爆发南下而出现的强烈降温，并伴有大风，常出现雨雪、冰冻等天气。低温灾害会造成人畜和植物冻害，交通或电信中断，房屋倒塌、树木受损，给人民生命财产安全造成损失。

2.6.1　最低气温 ≤ 0℃日数

1988—2017 年，会泽县年平均最低气温 ≤ 0℃的低温日数为 35 天，最多的低温日数为 65 天，出现在 1989 年。会泽县最低气温 ≤ 0℃的低温天气集中在 1—3 月和 11—12 月，4 月和 10 月偶尔出现 ≤ 0℃的低温天气；≤ 0℃的低温天气出现最多的月份均是 1 月，多年平均日数为 14 天（如图 2.22）。

1988—2017 年，会泽县年最低气温 ≤ 0℃的低温日数呈现逐年减少趋势，减少速率为 8 天 /10 年。就年 ≤ 0℃低温日数年代际变化而言，20 世纪 80、90 年代会泽县 ≤ 0℃低温日数较多，自 2000 年以来减少趋势较为明显，2010 年又有上升，之后缓慢下降（见图 2.23）。

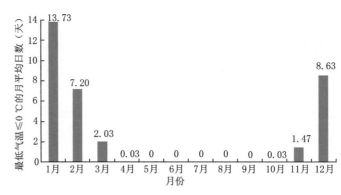

图 2.22　会泽县 1988—2017 年最低气温 ≤ 0 ℃的月平均日数

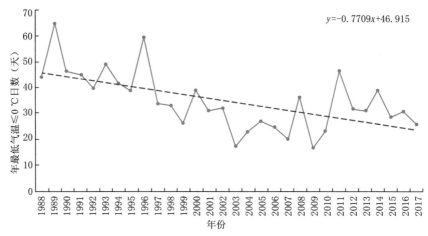

$y=-0.7709x+46.915$

图 2.23　会泽县 1988—2010 年年最低气温 ≤ 0 ℃低温日数变化图

2.6.2　极端最低气温

会泽县极端最低气温为 −17 ℃，出现在 1999 年 1 月 12 日。

2.6.3　降雪日数

会泽县出现降雪的频次较多，1988—2017 年，会泽县年平均降雪日数为 13 天，其中 1992 年降雪日数最多，为 32 天；2003 年降雪日数最少，为 3 天。会泽县降雪主要出现在 12 月至次年 2 月，分别为 2.7 天、3.3 天和 2.9 天（见图 2.24）。

会泽县年降雪日数呈显著减少的趋势，减少速率为 3 天 /10 年，与周边区域的变化速率 2 天 /10 年相比，降雪日数减少趋势更为明显（见图 2.25）。

2.6.4　积雪深度

会泽县年降雪日数较多，一旦积雪深度较大，可能引发建筑物垮塌、道路瘫

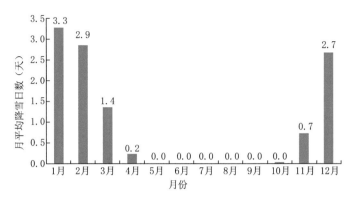

图 2.24　会泽县 1988—2017 年月平均降雪日数

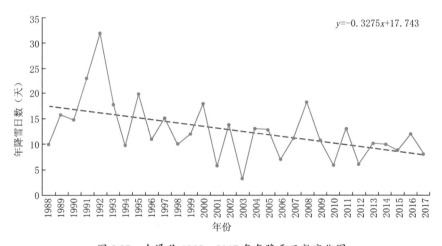

图 2.25　会泽县 1988—2017 年年降雪日数变化图

痪、电力、通信线路中断等灾害事故。会泽县年平均积雪深度（一年中日积雪量 ≥ 0.5 厘米的平均值）为 4.6 厘米，年最大平均积雪深度为 19.5 厘米，出现在 1999 年。日最大积雪深度为 38 厘米，出现 1999 年 1 月 12 日。

2.6.5　低温雨雪冰冻灾害的特征

低温主要对农业产生影响，但极端的低温雨雪冰冻天气也会带来诸如供水、供电、交通和生活等方面问题。2003—2017 年期间，会泽县遭遇低温雨雪冰冻灾害 79 次，共造成 25 356.64 公顷作物受灾，经济损失达 18 030.97 万元，受灾人口达 68 500 人。从图 2.26 可看出，会泽县各乡镇 2003—2017 年间遭遇的低温雨雪冰冻灾害平均约为 3.67 次，其中，驾车乡低受温雨雪冰冻灾害最多，高达 7 次，火红乡次之，达到 5 次。县城（金钟、古城、宝云街道）历年累计低温雨雪冰冻灾害次数达到 4 次。

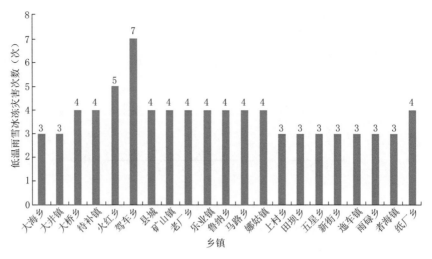

图 2.26　会泽县 2003—2017 年低温雨雪冰冻灾害区域分布图

图 2.27 为会泽县低温雨雪冰冻灾害的年分布图，2003—2017 年间低温雨雪冰冻灾害发生次数总体呈上升趋势，受害最多年份为 2016 年，达到 31 次。

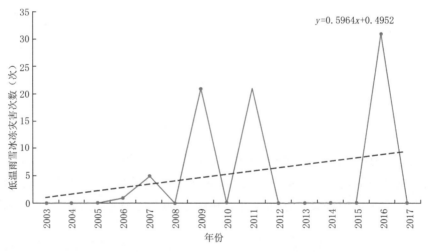

图 2.27　会泽县 2003—2017 年低温雨雪冰冻灾害年分布图

第 3 章
会泽县气象灾害风险区划方法

3.1　气象灾害风险区划模型

基于自然灾害风险形成理论，气象灾害风险由（致灾因子）危险性、（孕灾环境）敏感性、（承灾体）易损性组成。危险性表示引起灾害的致灾因子强度及概率特征，是灾害产生的先决条件；敏感性表示在气候条件相同的情况下，某个孕灾环境的地理地貌条件与致灾因子配合，在很大程度上能加剧或减弱气象灾害；易损性表示承灾体的整个社会经济系统易于遭受灾害威胁和损失的性质和状态。

气象灾害风险区划是研究可能发生的气象灾害（即致灾临界条件）的概率或超越某一概率的灾害最大等级的空间分布，并阐述不同超越概率下气象灾害的风险。

它包括：

（1）确定致灾临界条件；

（2）确定致灾临界条件的概率或超越某一概率的气象灾害最大等级的空间分布。孕灾环境和防灾工程发生明显变化时，需要重新编制风险区划；

（3）评估在气象灾害不同超越概率下各类承灾体的风险；

（4）提出防御气象灾害的有效措施。

各评价指标的权重采用熵值法、多元线性回归、层次分析法等进行综合加权来确定，建立气象灾害风险指数评价模型，公式为：

$$MDRI=VE^{\omega e}VH^{\omega h}VS^{\omega s}$$

式中，$MDRI$ 为气象灾害风险指数，表示气象灾害风险程度，其值越大，灾害风险越大；VE、VH、VS 表示综合加权法计算得出灾害危险性（致灾因子）、敏感性（孕灾环境）、易损性（承灾体）综合指数，ωe、ωh、ωs 为各综合评价因子的权重。

最后根据评估区域灾害风险指数的大小，将区域气象灾害风险划分为高风险区、次高风险区、中等风险区、次低风险区、低风险区。以上述评价模型为基础，分别建立大风、冰雹、雷电、暴雨洪涝、低温冷冻灾害的风险区划模型，分析得出各种气象灾害的致灾因子综合指标图层、孕灾环境综合指标图层和承灾体易损性综合指标图层。再应用层次分析法计算致灾因子综合指标图层、孕灾环境综合指标图层和承灾体易损性综合指标图层的权重，用 ArcGIS 中的栅格计算器将三个图层按各自权重进行叠加，得出各种气象灾害综合风险区划图。

确定与致灾因子、孕灾环境和承灾体相对应的指标后，为了消除各指标的量纲差异，需对每一个指标值进行归一化处理，生成标准化矩阵 $R=\left(r_{ij}\right)_{m\times n}$，其中，对大者为优的参数，$r_{ij}=\dfrac{x_{ij}-\min\limits_{1\leqslant j\leqslant n}x_{ij}}{\max\limits_{1\leqslant j\leqslant n}x_{ij}-\min\limits_{1\leqslant j\leqslant n}x_{ij}}$，而对于小者为优的参数，$r_{ij}=\dfrac{\max\limits_{1\leqslant j\leqslant n}x_{ij}-x_{ij}}{\max\limits_{1\leqslant j\leqslant n}x_{ij}-\min\limits_{1\leqslant j\leqslant n}x_{ij}}$。

3.2　指标权重计算方法

3.2.1　熵值法加权

用熵值法可分别计算表征灾害危险性和承灾体易损性的各指标的权重。然后用归一化的指标值乘以各自权重再相加，得到致灾危险性和承灾体易损性综合指标，再用 ArcGIS 根据指标值生成致灾危险性和承灾体易损性指标图层。

熵值法计算权重的方法及步骤为：如有 m 个评价参数，n 个评价样本，则形成原始数据矩阵 $X=\left(x_{ij}\right)_{m\times n}$，对于某项参数 x_i，在第 j 个样本中的参数值 x_{ij} 的差异越大，则该参数在综合评价中所起的作用越大。如果某项参数的参数值全部相等，则该指标在综合评价中几乎不起作用。计算步骤为：

（1）计算第 i 个参数在 n 个样本中的特征比重 $P_{ij}=r_{ij}/\sum\limits_{j=1}^{n}r_{ij}$。

（2）计算第 i 个参数的熵值 $e_i=-k\cdot\sum\limits_{j=1}^{n}P_{ij}\cdot\ln P_{ij}$，式中，$k=1/\ln n$。

（3）计算第 i 个参数的差异性系数。在 n 个样本中，x_{ij} 的差异越小，则 e_i 越大，当 x_{ij} 全部相等时，$e_j=1$，此时对于样本间的比较，参数 x_i 毫无作用；当 x_{ij} 差异越大，e_i 越小，参数 x_i 起的作用比较大，因此定义差异系数 $g_i=1-e_i$，g_i 越大该参数的作用也就越大。

（4）确定归一化后的权数 $w_i = g_i / \sum\limits_{i=1}^{m} g_i$。

3.2.2 相关回归分析

回归分析用于研究可测量的变量之间的关系，根据变量间的关系，由一个或几个变量来预测另一个变量的取值，一般分析步骤为：确定分析变量，构造回归模型，诊断模型，利用模型进行描述控制预测。回归参数最常用的是最小二乘法。最小二乘法（又称最小平方法）可以通过最小化误差的平方和寻找数据的最佳函数匹配。利用最小二乘法可以简便地求得未知的数据，并使得这些求得的数据与实际数据之间误差的平方和为最小。对给定数据点集合 $\{(X_i, y_i)\}$（$i=0$，1，2，…，m），在取定的函数类 φ 中，求 $p(X) \in \varphi$，使误差的平方和 E^2 最小，$E^2 = \sum [p(X_i) - y_i]^2$。

从几何意义上讲，就是寻求与给定点集 $\{(X_i, y_i)\}$（$i=0$，1，2，…，m）的距离平方和为最小的曲线 $y = p(X)$。函数 $p(X)$ 称为拟合函数或最小二乘解，求拟合函数 $p(X)$ 的方法称为曲线拟合的最小二乘法。调用 SAS 软件的 REG 过程可运用最小二乘法来计算回归参数。建立回归模型后，需对回归模型进行诊断检验，检验的内容包括：残差是否随机分布，是否为正态性，高度相关的自变量是否引起共线性，样本数据是否存在异常值，误差项独立性检验中 DW 值是否接近于 2。

3.2.3 层次分析法加权

目前在灾害区划中确定权重使用最广泛也最理想的是 AHP 法（层次分析法），它是一种定性分析和定量分析有机结合在一起的系统分析和决策的新方法。用 AHP 法进行分析主要有以下几个步骤：

（1）建立层次结构模型：将问题所包含的因素分层，可以划分为最高层、中间层、最低层。最高层表示解决问题的目的；中间层为实现总目标而采取的措施、方案、政策，一般分为策略层、约束层、准则层等；最低层是用于解决问题的各种措施、政策、方案等。

（2）构造判断矩阵：建立递阶层次结构之后，就需要对处于上层某一元素支配的所有元素构造两两比较判断矩阵。

（3）标度的确定：层次分析方法在建立判断矩阵时所用的标度有多种形式，本文采用 1～9 之间整数及其倒数比例标度法进行标度。

（4）层次单排序和层次总排序：解出标度后的判断矩阵的最大特征值 $\lambda \max$ 及其对应的特征向量，并对特征向量进行标准化处理，这一过程称为层次单排序；标准化的特征向量就是该层次的指标权值。层次总排序就是层次单排序的加权组合，即该层指标权值与上一层指标权值的乘积。

（5）一致性检验：当矩阵的阶数大于 3 时，可能会出现矩阵计算结果的非一致性，此时必须对判断矩阵进行一致性检验。一致性检验指标为 $CI=\dfrac{\lambda_{\max}-n}{n-1}$，其中，$n$ 为判断矩阵的阶数。而一致性比例为 $CR=\dfrac{CI}{RI}$，其中 RI 是平均随机一致性指标。当 $CR<0.1$ 时，判断矩阵有较好的一致性。

3.3　指标等级划分方法

3.3.1　百分位数法

一般采用百分位数法来确定极端气候事件的分级阈值。百分位数法是将一组数据按大小排序，并计算相应的累计百分位，则某一百分位所对应数据的值就称为这一百分位的百分位数，可表示为：一组 n 个观测值按数值大小排列，处于 p 位置的值称为第 p 百分位数，计算步骤为：

（1）以递增（递减）顺序排列 n 个原始数据。

（2）计算指数 $i=n \cdot p\%$。

（3）若 i 不是整数，将 i 向上取整，大于 i 的毗邻整数即为第 p 百分位数的位置。若 i 是整数，则第 p 百分位数是第 i 项与第 $i+1$ 项数据的平均值。

3.3.2　聚类分析法

聚类分析就是将变量按一定规则分成组或类的数学分支。当指标中样品个数很大时，需调用 SAS 中动态聚类法对指标的样品值进行分类。动态聚类法的基本思想是选取一批凝聚点或给出一个初始的分类，让样品按某种原则向凝聚点凝聚，对凝聚点进行不断修改和迭代，直至分类比较合理或迭代稳定为止。最常用的是 k 均值聚类算法，它由麦奎因提出并命名，其基本步骤如下：

（1）选择 k 个样品作为初始聚类点，或者将所有样品分成 k 个初始类，然后将这 k 个类的重心（均值）作为初始凝聚点。

（2）对除凝聚点之外的所有样品逐个归类，将每个样品归入凝聚点离它最近的类（通常采用欧氏距离），该类的凝聚点更新为这一类目前的均值，直至所有样品归类完毕。

（3）重复步骤（2），直至所有样品不能再分类为止。

3.3.3　自然断点法

用 ArcGIS 中的栅格计算器将（致灾因子）危险性、（孕灾环境）敏感性、（承灾体）易损性三个因子层进行加权叠加后，需用自然断点法对综合指标进行区划等级划分。其原理是根据数据序列本身的统计规律，按要求设定等级断点的个数，使等级内方差最小，同时使不同等级间方差最大的最优化数据分组方法。

3.4　空间分析方法

空间分析主要应用于对孕灾环境的分析。对于小范围局部地区来说，其气象灾害风险空间分布特征主要受下垫面环境的影响。一般而言，地形地貌、河流网络、地表覆盖、土壤等环境要素会对气象灾害的孕育产生影响。对于不同的气象灾害，受下垫面环境的影响各不相同，下垫面环境影响因子主要包括海拔、地形起伏、坡度、土地利用类型、河网密度，这些因子均需结合空间分析方法进行量化。

3.4.1　邻域分析

地形起伏主要考虑地形标准差的分级。地形标准差是在 ArcGIS 中对 DEM 数据作邻域分析，求出以目标格点为中心的边长为 10 个栅格的正方形范围内所有栅格点高层的标准差，然后用样本量等分的方法进行分级，将地形标准差分为 3 级。在执行过程中此算法将访问栅格中的每个像元，并且根据识别出的邻域范围计算出指定的统计数据。要计算统计数据的像元称为处理像元，处理像元的值以及所识别出的邻域中的所有像元值都将包含在邻域统计数据计算中。

3.4.2　密度分析

在分析河网水系的影响时，需用河网密度这一指标来反映水系密集程度。河网密度的生成以云南省河网矢量文件为基础，利用 ArcGIS 中密度分析工具得到。其原理是以目标格点为中心，取半径为 5 千米的圆，计算该圆范围内所有河流程度的总和，然后除以圆面积，得到的值即为目标格点的值。

3.4.3　重分类分析

在识别土地利用类型的影响时，需根据不同土地利用类型分类指标对气象灾害的影响程度对原始数据进行重新分类赋值。可利用 ArcGIS 中重分类工具对土地利用类型的栅格值进行重新分类赋值。

第 4 章
会泽县主要气象灾害风险区划

4.1 干旱灾害风险区划

4.1.1 干旱灾害风险区划模型

干旱灾害风险区划模型如图 4.1 所示，用 10 个指标加权后的综合指数表征干旱灾害风险。

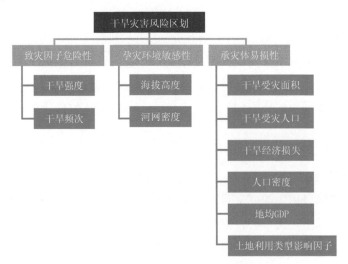

图 4.1 干旱灾害风险区划模型

4.1.2 致灾因子危险性评估与区划

干旱是指因水分的收与支或供与求不平衡而形成的持续的水分短缺现象。这种水分的短缺可以表现为降水量的不足、土壤水分的缺乏或江河湖泊水位偏低等。从类型上，干旱可以分为气象干旱、农业干旱、水文干旱和社会经济干旱。

气象干旱是指某时段内，由于蒸发量和降水量的收支不平衡，水分支出大于水分收入而造成的水分短缺现象。

农业干旱指在作物生育期内，由于土壤水分持续不足而造成的作物体内水分亏缺，影响作物正常生长发育的现象。

水文干旱是指由于降水的长期短缺而造成某段时间内，地表水或地下水收支不平衡，出现水分短缺，使江河流量、湖泊水位、水库蓄水等减少的现象。

社会经济干旱是指由自然系统与人类社会经济系统中水资源供需不平衡造成的异常水分短缺现象。社会对水的需求通常分为工业需水、农业需水和生活与服务行业需水等。如果需大于供，就会发生社会经济干旱。

根据 GB/T 20481—2017《气象干旱等级》，气象干旱可分为轻旱、中旱、重旱、特旱 4 个等级。本章采用干旱过程强度指数分别统计四个等级历年干旱过程，得到干旱强度及干旱频次。用熵值法计算两个指标的权重分别为 0.5、0.5，然后对每个区域的干旱强度进行累加，再将干旱强度累加值用反距离权重法进行插值，生成干旱强度图层。用统计的各个区域干旱次数生成干旱频次图层。再用熵值法计算干旱强度和干旱频次的权重分别为 0.42 和 0.58，再用栅格计算器按权重进行两个图层的叠加，得到干旱灾害致灾因子危险性图层。

从图 4.2 可看出，会泽县干旱灾害致灾因子高危险区域主要集中在北部的纸厂乡及马路乡。次高危险区和中等危险区主要位于老厂乡、五星乡、乐业镇北部、迤车镇、火红乡、矿山镇、大井镇等区域，会泽县其余大部分区域为干旱灾害的次低危险区和低危险区。

4.1.3 孕灾环境敏感性评估与区划

干旱灾害孕灾环境主要考虑地形、水系等因子对干旱灾害形成的综合影响。地形主要考虑海拔高度，地势越低的平坦区域不利于积水的排泄，不容易造成干旱灾害。水系主要考虑河网密度，河网越密集，距离河流、湖泊、大型水库越近的区域遭受干旱灾害的风险越小。用 1 千米 ×1 千米栅格提取海拔高度及河网密度数据，用熵值法计算两个指标的权重分别为 0.39、0.61，将两个指标值进行归一化处理后加权合成得到干旱孕灾环境敏感性图层。

从图 4.3 可看出，会泽县干旱灾害孕灾高敏感区及次高敏感区主要是田坝乡、驾车乡、大桥乡北部、乐业镇中部、大井镇等区域，次低敏感区河网密度较高，如宝云街道、新街回族乡等，而高山地区（如大海乡）因海拔较高，作物较少，故也为低敏感区，其余地区为中等敏感区。

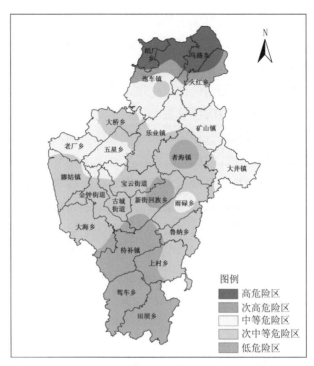

图 4.2 干旱灾害致灾因子危险性

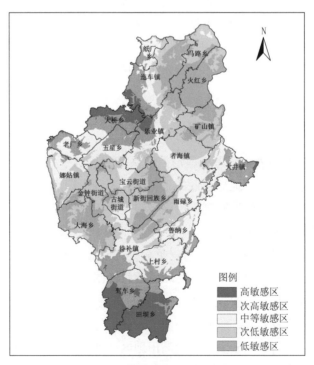

图 4.3 干旱灾害孕灾环境敏感性

4.1.4 承灾体易损性评估与区划

用 2003—2017 年会泽县干旱受灾面积、受灾人口、灾害造成经济损失、人口密度、地均 GDP（国内生产总值）、土地利用类型综合因子表征承灾体的易损性。这 6 个指标越大，发生干旱灾害造成损失的风险就越大。以乡镇为单位统计这 6 个指标值，并进行归一化处理，用熵值法计算这 6 个指标在表征承灾体易损性时的权重。然后用归一化的指标值乘以各自权重再相加，得到承灾体易损性综合指标，用 ArcGIS 根据指标值生成承灾体易损性综合指标图层。

土地利用类型数据来源为全国 2015 年的 1：100 万土地利用数据中会泽县数据的提取。为了识别不同土地利用类型对干旱灾害承灾体易损性的影响，需对原始数据进行重新分类赋值，越容易遭遇干旱灾害的土地利用类型，赋值越大。表 4.1 为各种类型因子的赋值。将重新赋值的栅格数据导入 GIS（地理信息系统），再按乡镇边界对数据进行提取，用各乡镇土地利用类型的栅格数据累加之和作为土地利用类型影响因子，归一化后与其他 5 个指标共同表征干旱灾害承灾体易损性。

表4.1 干旱灾害土地利用类型赋值

土地利用类型	编号	说明	格点数	赋值
耕地	11	水田	165	10
	12	旱地	699	5
林地	21	有林地	283	1
	22	灌木林	449	1
	23	疏林地	1155	1
	24	其他林地	2	1
草地	31	高覆盖度草地	1622	0.5
	32	中覆盖度草地	1278	0.5
	33	低覆盖度草地	128	0.5
水域	42	湖泊	2	0.1
	43	水库坑塘	22	0.1
	44	永久性冰川雪地	1	0.1
	46	滩地	3	0.1
城乡	51	城镇用地	8	5
	52	农村居民点	18	10

土地利用类型	编号	说明	格点数	赋值
城乡	53	其他建设用地	9	10
其他	66	裸岩石质地	39	0.1

用熵值法计算6个指标归一化后的权重，加权合成各乡镇的承灾体易损性综合指标：

$$y=0.12x_1+0.17x_2+0.12x_3+0.16x_4+0.18x_5+0.26x_6$$

式中，x_1、x_2、x_3、x_4、x_5、x_6分别为乡镇人口密度、地均GDP、土地利用类型影响因子、作物受灾面积、经济损失和受灾人口。

如图4.4所示，会泽县干旱灾害承灾体高易损区主要分布在中部区域，包括县城（金钟、古城、宝云街道）、者海镇和乐业镇；次高易损区为马路乡、娜姑镇和田坝乡；中等易损区包括纸厂乡、迤车镇、大桥乡、雨碌乡和待补镇；次低易损区包括上村乡、大井镇、火红乡和五星乡；低易损区包括大海乡、驾车乡、鲁纳乡、新街回族乡、矿山镇和老厂乡。

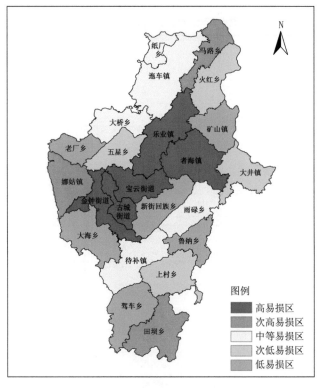

图4.4 干旱灾害承灾体易损性

4.1.5 干旱灾害风险区划

应用层次分析法计算干旱致灾因子综合指标图层、孕灾环境综合指标图层和承灾体易损性综合指标图层的权重分别为 0.44、0.17、0.39。用 ArcGIS 中的栅格计算器将三个图层按各自权重进行叠加,得出干旱灾害综合风险区划图。从图 4.5 可看出,会泽县干旱灾害高风险区域、次高风险区域主要分布在北部和南部,包括马路乡、纸厂乡、迤车镇、乐业镇、大井镇和田坝乡等区域。低风险区主要分布在中部的新街回族乡、西部的大海乡和东北部的矿山镇等区域。

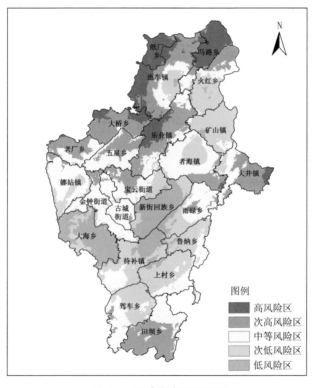

图 4.5　干旱灾害风险区划

4.1.6 区划结果检验

用各区域历年干旱灾害次数分布情况与区划结果进行对比验证。从图 4.6 可看出,把各区域干旱灾害次数与干旱灾害风险区划值作散点相关分析,相关系数 R 为 0.65,通过 0.01 的显著性检验,说明干旱灾害风险区划结果与历史干旱次数通过了极显著相关性检验,该干旱灾害风险区划模型的建立是科学合理的。

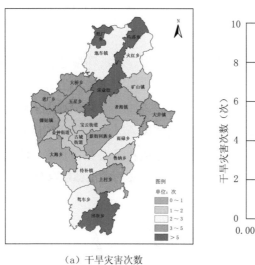
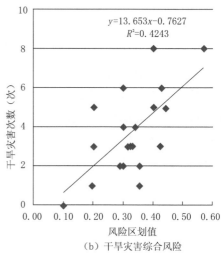

（a）干旱灾害次数 　　　　　（b）干旱灾害综合风险

图 4.6　干旱灾害风险区划结果验证

4.2　大风灾害风险区划

4.2.1　大风灾害风险区划模型

大风灾害风险区划模型如图 4.7 所示，用 10 个指标加权后的综合指数表征大风灾害风险。

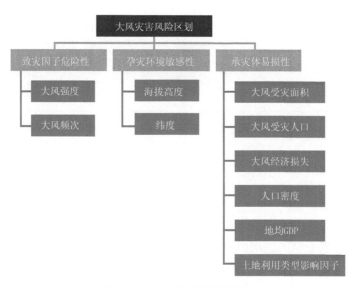

图 4.7　大风灾害风险区划模型

4.2.2 致灾因子危险性评估与区划

中国气象局《地面气象观测规范》中规定，瞬时风速达到或超过 17.2 米 / 秒（或目测估计风力达到或超过 8 级）的风为大风。有大风出现的一天称为大风日。产生大风的天气系统很多，如冷锋、雷暴、飑线和气旋等。热带风暴的大风出现在涡旋的强气压梯度区内，呈逆时针旋转；冷锋大风位于锋面过境之后；雷暴和飑线的大风则发生在它们过境时，雷雨拖带的下沉气流至近地面的流出气流中。地形的狭管效应可以使风速增大，使某些地区成为大风多发区。

统计会泽县辖区内自动站历年日风速变化资料，筛选出符合条件的大风日，统计每个大风日的日极大风速、大风等级，用这两个指标表征大风强度。用熵值法计算两个指标的权重分别为 0.49、0.51，将两个指标值进行归一化处理后加权合成，得到每个大风日的大风强度，然后对每个站点的大风强度进行累加，将站点大风强度累加值用反距离权重法进行插值，生成大风强度图层。用统计的各个站点大风日数生成大风频次图层。再用熵值法计算大风强度和大风频次的权重分别为 0.39 和 0.61，再用栅格计算器按权重进行两个图层的叠加，得到大风灾害致灾因子危险性图层。

从图 4.8 可看出，会泽县大风灾害致灾因子高危险区域主要集中在南部的驾

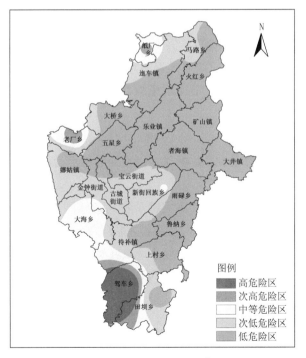

图 4.8　大风灾害致灾因子危险性

车乡。次高危险区和中等危险区主要位于老厂乡、纸厂乡和大海乡一带。会泽县其余大部分区域为大风灾害的次低危险区和低危险区。

4.2.3　孕灾环境敏感性评估与区划

运用致灾因子与孕灾环境相关回归分析法得到孕灾环境敏感性图层。将统计的各站点大风频次与海拔高度、经纬度、坡度分别进行相关分析，建立回归模型。如果所有样本值均在95%置信限预测区间内，拟合优度达到0.8以上，拟合模型参数估计显示F检验的P值小于0.001，则判断模型有显著意义。通过函数关系运用站点海拔高度、经纬度、坡度值进行内插，得到孕灾环境敏感性图层。在相关性分析过程中，预选的海拔高度、经纬度、坡度指标中如有相关性较弱的，将被剔除，只保留通过样本检验的指标。根据站点大风频次与站点海拔高度、经度、纬度的散点图分布，推测回归模型为：

$$y=a_0+ah+aj+aw$$

式中，h 为海拔高度，j 为经度，w 为纬度。调用 SAS 中 REG 过程，用逐步筛选法 STEPWISE 选择最佳回归模型，并对模型进行诊断。

将各站点大风频次、经度、纬度、海拔高度数据代入模型，因截距项 a_0 对应的 T 检验 P 值不满足小于 0.001，即不拒绝"该回归方程截距为 0"的原假设，因此拟合去掉截距项 a_0。筛选出相关性较强的海拔和纬度因子加入回归模型。拟合模型参数估计显示 F 检验的 P 值小于等于 0.001，判断模型有显著意义。

从图 4.9 可看出，模型残差满足误差项随机，且近似为正态分布的原假设，模型拟合优度为 0.5862，进一步说明模型假设显著成立。从而得出孕灾环境敏感性的关系式为：

$$y=0.0018h-0.06w$$

将 GIS 中提取的会泽县 DEM 数据代入模型计算得出会泽县大风分布的拟合值，用其表征大风灾害孕灾敏感性。

从图 4.10 可看出，会泽县大风灾害孕灾高敏感区分布广泛，随海拔变化趋势明显。高敏感区主要是大海乡、大桥乡、老厂乡、县城（金钟、古城、宝云街道）、待补镇等区域。低敏感区范围较小，只在娜姑镇西部小部分区域、纸厂乡、马路乡中间区域等区域。次低敏感区主要包括娜姑镇、乐业镇、大井镇、上村乡等区域。

4.2.4　承灾体易损性评估与区划

用 2003—2017 年会泽县大风受灾面积、受灾人口、灾害造成经济损失、人

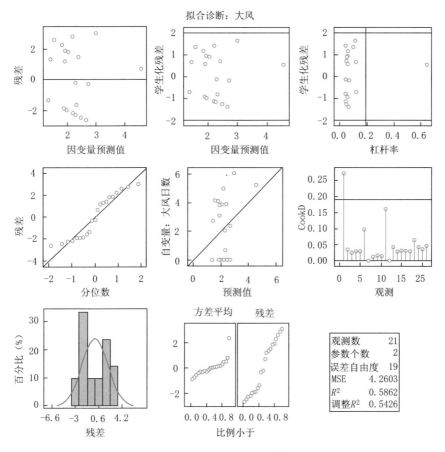

图 4.9　回归模型拟合诊断

口密度、地均 GDP、土地利用类型综合因子表征承灾体的易损性。这 6 个指标越大，发生大风灾害造成损失的风险就越大。以乡镇为单位统计这 6 个指标值，并进行归一化处理，用熵值法计算这 6 个指标在表征承灾体易损性时的权重。然后用归一化的指标值乘以各自权重再相加，得到承灾体易损性综合指标，用 ArcGIS 根据指标值生成承灾体易损性综合指标图层。

土地利用类型数据来源为全国 2015 年的 1∶100 万土地利用数据中会泽县数据的提取。为了识别不同土地利用类型对大风灾害承灾体易损性的影响，需对原始数据进行重新分类赋值，越容易遭遇大风灾害的土地利用类型，赋值越大。表 4.2 为各种类型因子的赋值。将重新赋值的栅格数据导入 GIS，再按乡镇边界对数据进行提取，用各乡镇土地利用类型的栅格数据累加之和作为土地利用类型影响因子，归一化后与其他 5 个指标共同表征大风灾害承灾体易损性。

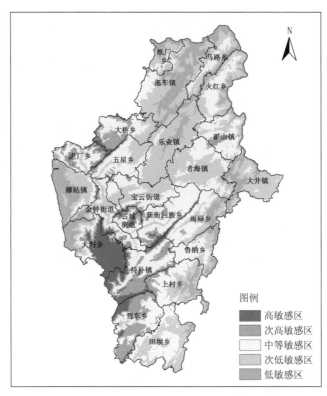

图例
高敏感区
次高敏感区
中等敏感区
次低敏感区
低敏感区

图 4.10 大风灾害孕灾环境敏感性

表4.2 大风灾害土地利用类型赋值

土地利用类型	编号	说明	格点数	赋值
耕地	11	水田	165	10
	12	旱地	699	10
林地	21	有林地	283	1
	22	灌木林	449	1
	23	疏林地	1155	1
	24	其他林地	2	1
草地	31	高覆盖度草地	1622	0.5
	32	中覆盖度草地	1278	0.5
	33	低覆盖度草地	128	0.5
水域	42	湖泊	2	0.1
	43	水库坑塘	22	0.1
	44	永久性冰川雪地	1	0.1
	46	滩地	3	0.1

土地利用类型	编号	说明	格点数	赋值
城乡	51	城镇用地	8	5
	52	农村居民点	18	5
	53	其他建设用地	9	5
其他	66	裸岩石质地	39	0.1

用熵值法计算 6 个指标归一化后的权重，加权合成各乡镇的承灾体易损性综合指标：

$$y=0.17x_1+0.23x_2+0.18x_3+0.21x_4+0.22x_5+0.46x_6$$

式中，x_1、x_2、x_3、x_4、x_5、x_6 分别为乡镇人口密度、地均 GDP、土地利用类型影响因子、作物受灾面积、经济损失、受灾人口。

如图 4.11 所示，会泽县大风灾害承灾体高易损区主要分布在中部区域，包括县城（金钟、古城、宝云街道）、者海镇和雨碌乡。次高易损区为迤车镇、乐业镇、大井镇、待补镇、上村乡、驾车乡。中等易损区包括纸厂乡、马路乡、火

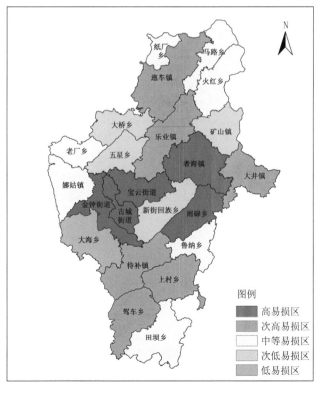

图 4.11 大风灾害承灾体易损性

红乡、老厂乡、娜姑镇、鲁纳乡、田坝乡。次低易损区包括大桥乡、五星乡、矿山镇、新街回族乡。低易损区为大海乡。

4.2.5 大风灾害风险区划

应用层次分析法计算大风致灾因子综合指标图层、孕灾环境综合指标图层和承灾体易损性综合指标图层的权重分别为 0.46、0.13、0.41。用 ArcGIS 中的栅格计算器将三个图层按各自权重进行叠加，得出大风灾害综合风险区划图。从图 4.12 可看出，会泽县大风灾害高风险区域、次高风险区域主要分布在中部和南部，包括驾车乡、大海乡与金钟街道交界、者海镇等区域。低风险区主要分布在东部的矿山镇、北部的大桥乡和五星乡等区域。

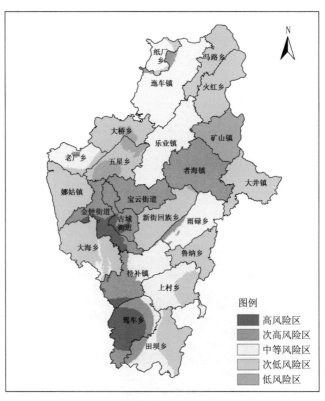

图 4.12　大风灾害风险区划

4.2.6 区划结果检验

用各区域历年大风灾害次数分布情况与区划结果进行对比验证。从图 4.13 可看出，把各乡镇的大风灾害次数与大风灾害风险区划值作散点相关分析，相关系数 R 为 0.55，通过 0.01 的显著性检验，说明大风灾害风险区划结果与历史

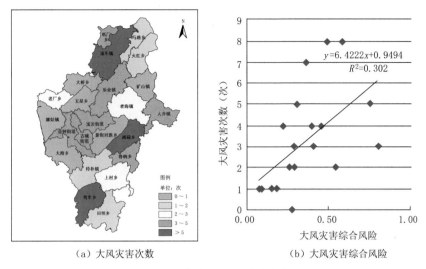

（a）大风灾害次数　　　　　　　（b）大风灾害综合风险

图 4.13　大风灾害风险区划结果验证

大风次数通过了极显著相关性检验，该大风灾害风险区划模型的建立是科学合理的。

4.3　冰雹灾害风险区划

4.3.1　冰雹灾害风险区划模型

冰雹灾害风险区划模型如图 4.14 所示，用 11 个指标加权后的综合指数表征冰雹灾害风险。

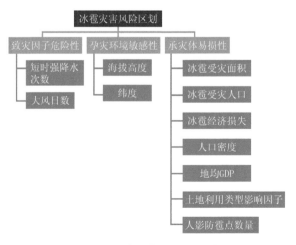

图 4.14　冰雹灾害风险区划模型

4.3.2　致灾因子危险性评估与区划

　　冰雹是在强烈发展的积雨云中出现的固态降水，其形成过程不但由天气条件和环境条件决定，而且与下垫面的动力过程和热力非均匀性有关。冰雹天气是一种强对流天气，常伴随短时强降水、大风天气出现。因此选取短时强降水次数、大风日数作为冰雹天气的危险性因子。

　　统计会泽县辖区内自动站历年短时强降水次数、大风日数，用这两个指标表征冰雹致灾因子危险性。用熵值法计算两个指标的权重分别为 0.3 和 0.7，将两个指标值进行归一化处理后加权合成，得到冰雹灾害致灾因子危险性图层。

　　从图 4.15 可看出，会泽县冰雹灾害致灾因子高危险区域主要集中在南部的驾车乡、田坝乡。次高危险区位于大海乡中部、田坝乡东部等区域。中等危险区位于纸厂乡、大海乡、县城（金钟、古城、宝云街道）西南部、待补镇南部等区域。会泽县其余大部分区域为冰雹灾害的次低危险区和低危险区。

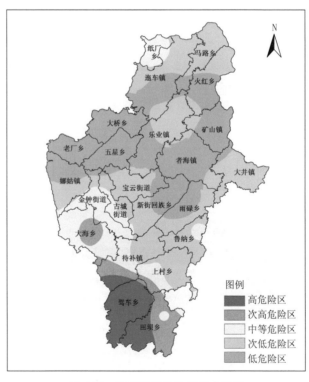

图 4.15　冰雹灾害致灾因子危险性

4.3.3　孕灾环境敏感性评估与区划

　　运用致灾因子与孕灾环境相关回归分析法得到孕灾环境敏感性图层。将统计的各站点冰雹频次与海拔高度、经纬度、坡度分别进行相关分析，建立回归模型。如果所有样本值均在95%置信限预测区间内，拟合优度达到0.8以上，拟合模型参数估计显示F检验的P值小于0.001，则判断模型有显著意义。通过函数关系运用站点海拔高度、经纬度、坡度值进行内插，得到孕灾环境敏感性图层。在相关性分析过程中，预选的海拔高度、经纬度、坡度指标中如有相关性较弱的，将被剔除，只保留通过样本检验的指标。根据站点冰雹频次与站点海拔高度、经度、纬度的散点图分布，推测回归模型为：

$$y=a_0+a_1h+a_2g+a_3w$$

式中，h为海拔高度，j为经度，w为纬度。调用SAS中REG过程，用逐步筛选法STEPWISE选择最佳回归模型，并对模型进行诊断。将各站点冰雹频次、经度、纬度、海拔高度数据代入模型，因截距项a_0对应的T检验P值不满足小于0.001，即不拒绝"该回归方程截距为0"的原假设，因此拟合去掉截距项a_0。

通过方差分析和参数估计可筛选出相关性较强的海拔和纬度因子加入回归模型。拟合模型参数估计显示F检验的P值小于等于0.001，判断模型有显著意义。从图4.16可看出，模型残差满足误差项随机，且近似为正态分布的原假设，模型拟合优度为0.9782，进一步说明模型假设显著成立。从而得出孕灾环境敏感性的关系式为：

$$y=0.00016h+0.108w$$

将GIS中提取的会泽县DEM数据代入模型计算得出会泽县冰雹分布的拟合值，用其表征冰雹灾害孕灾敏感性。

从图4.17可看出，会泽县冰雹灾害孕灾高敏感区分布随海拔变化趋势明显。高敏感区主要是大海乡、大桥乡、老厂乡、县城（金钟、古城、宝云街道）等区域。次高敏感区主要位于会泽县西南部和东北部区域，沿高敏感区周边扩展。中等敏感区和次低敏感区分布广泛，主要位于会泽县中部和南部区域。次低敏感区主要包括娜姑镇、乐业镇、大井镇、上村乡、田坝乡等区域。低敏感区范围较小，只在娜姑镇西部小部分区域。

4.3.4　承灾体易损性评估与区划

用2003—2017年会泽县冰雹受灾面积、受灾人口、灾害造成经济损失、人口密度、地均GDP、土地利用类型综合因子、人影防雹点数量表征承灾体的易损性。前6个指标越大，发生冰雹灾害造成损失的风险就越大。人影防雹点分布表示承灾体的抗灾能力，人影防雹点分布越密集，抗灾能力越强，发生雹灾造成损失的

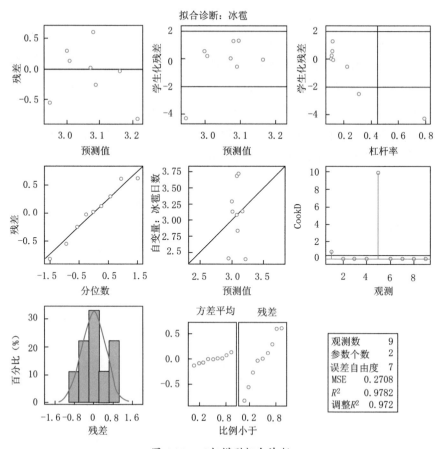

图 4.16　回归模型拟合诊断

风险就越小。在进行指标值归一化处理时，人影防雹点分布按大者为优处理。用熵值法计算该七个指标在表征承灾体易损性时的权重。然后用归一化的指标值乘以各自权重再相加，得到承灾体易损性综合指标，用 ArcGIS 根据指标值生成承灾体易损性综合指标图层，表征冰雹灾害承灾体易损性。

土地利用类型数据来源为全国 2015 年的 1∶100 万土地利用数据中会泽县数据的提取。为了识别不同土地利用类型对冰雹灾害承灾体易损性的影响，需对原始数据进行重新分类赋值，越容易遭遇冰雹灾害的土地利用类型，赋值越大。表 4.3 为各种类型因子的赋值。

将重新赋值的栅格数据导入 GIS，再按乡镇边界对数据进行提取，用各乡镇土地利用类型的栅格数据累加之和作为土地利用类型影响因子，归一化后与其他6 个指标共用熵值法计算 7 个指标归一化后的权重，加权合成各乡镇的承灾体易损性综合指标：

$$y=0.1x_1+0.14x_2+0.11x_3+0.13x_4+0.14x_5+0.33x_6+0.05x_7$$

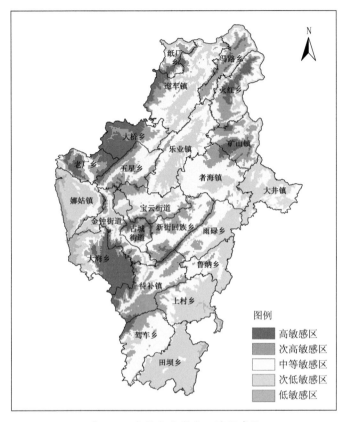

图 4.17 冰雹灾害孕灾环境敏感性

表4.3 冰雹灾害土地利用类型赋值

土地利用类型	编号	说明	格点数	赋值
耕地	11	水田	165	10
	12	旱地	699	10
林地	21	有林地	283	1
	22	灌木林	449	1
	23	疏林地	1155	1
	24	其他林地	2	1
草地	31	高覆盖度草地	1622	0.5
	32	中覆盖度草地	1278	0.5
	33	低覆盖度草地	128	0.5
水域	42	湖泊	2	0.1
	43	水库坑塘	22	0.1
	44	永久性冰川雪地	1	0.1
	46	滩地	3	0.1

土地利用类型	编号	说明	格点数	赋值
城乡	51	城镇用地	8	5
	52	农村居民点	18	5
	53	其他建设用地	9	5
其他	66	裸岩石质地	39	0.1

式中，x_1、x_2、x_3、x_4、x_5、x_6、x_7 分别为乡镇人口密度、地均 GDP、土地利用类型影响因子、作物受灾面积、经济损失、受灾人口、人影防雹点数量。

如图 4.18 所示，会泽县冰雹灾害承灾体高易损区主要分布在北部区域，包括者海镇、马路乡和迤车镇。次高易损区为乐业镇、大井镇、县城（金钟、古城、宝云街道）和火红乡。中等易损区在位于南部的田坝乡、上村乡、待补镇、鲁纳乡和雨碌乡。次低易损区位于驾车乡、大海乡、老厂乡、五星乡、大桥乡和纸厂乡。低易损区位于娜姑镇、新街回族乡和矿山镇。

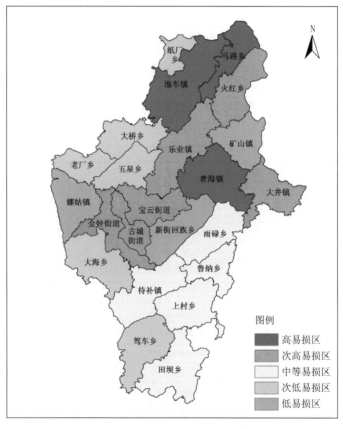

图 4.18　冰雹灾害承灾体易损性

4.3.5 冰雹灾害风险区划

应用层次分析法计算冰雹致灾因子综合指标图层、孕灾环境综合指标图层和承灾体易损性综合指标图层的权重分别为 0.46、0.13 和 0.41。用 ArcGIS 中的栅格计算器将三个图层按各自权重进行叠加，得出冰雹灾害综合风险区划图。

从图 4.19 可看出，会泽县冰雹灾害高风险区域包括驾车乡、马路乡等区域。次高风险区域主要分布在北部和南部，包括大海乡、田坝乡、县城（金钟、古城、宝云街道）、者海镇、大井镇、迤车镇等区域。中等风险区包括乐业镇、鲁纳乡、火红乡等区域。次低风险区和低风险区主要分布在娜姑镇、矿山镇、老厂乡、五星乡、大桥乡等区域。

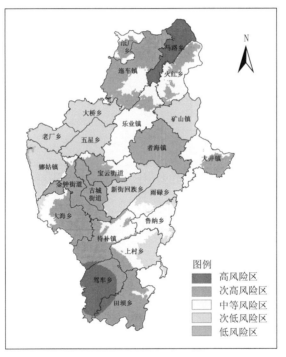

图 4.19　冰雹灾害风险区划

4.3.6 区划结果检验

用各区域历年冰雹灾害次数分布情况与区划结果进行对比验证。从图 4.20 可看出，把各乡镇的冰雹灾害次数与冰雹灾害风险区划值作散点相关分析，相关系数 R 为 0.61，通过 0.01 的显著性检验，说明冰雹灾害风险区划结果与历史冰雹次

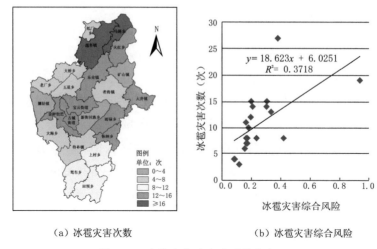

（a）冰雹灾害次数　　　　　　　（b）冰雹灾害综合风险

图 4.20　冰雹灾害风险区划结果验证

数通过了极显著相关性检验，该冰雹灾害风险区划模型的建立是科学合理的。

4.4　雷电灾害风险区划

4.4.1　雷电灾害风险区划模型

雷电灾害风险区划模型如图 4.21 所示，用 11 个指标加权后的综合指数表征雷电灾害风险。

4.4.2　致灾因子危险性评估与区划

选取会泽县年平均地闪密度、年平均地闪强度作为雷电灾害的危险性因子。

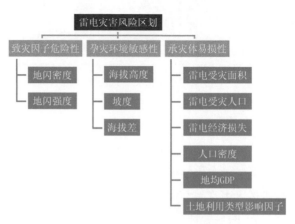

图 4.21　雷电灾害风险区划模型

统计会泽县辖区内闪电定位仪监测到的地闪次数、地闪密度，将其转换为 1 千米 × 1 千米的格点数据。用这两个指标表征雷电致灾因子危险性。用熵值法计算两个指标的权重分别为 0.9、0.1，将两个指标值进行归一化处理后加权合成，得到雷电灾害致灾因子危险性图层。

从图 4.22 可看出，会泽县雷电灾害致灾因子高危险区域主要集中在东部的矿山镇、大井镇、雨碌乡、鲁纳乡等区域。次高危险区沿高危险区向外扩展，主要分布在会泽县北部马路乡，东部矿山镇、大井镇、雨碌乡等区域。中等危险区分布广泛，主要位于会泽县中部、中北部区域。次低危险区和低危险区分布于会泽县西部娜姑镇、大桥乡、县城（金钟、古城、宝云街道）等区域。

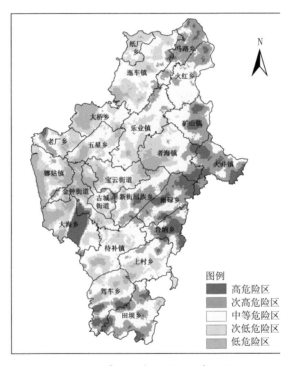

图 4.22　雷电灾害致灾因子危险性

4.4.3　孕灾环境敏感性评估与区划

易遭受雷击区域与下垫面环境关系密切。区域土壤电阻率的相对值较小时，就有利于电荷很快聚集。电阻率较小的地方有利于雷雨云与大地建立良好的放电通道，会增大雷击概率。因此局部电阻率较小的地方容易受雷击；电阻率突变处和地下有导电矿藏处容易受雷击；山谷走向与风向一致，风口或顺风的河谷容易受雷击；山岳靠近湖、海的山坡被雷击的概率较大。空旷地中的孤立建筑物，建筑群中的高耸建筑物容易受雷击；大树、接收天线、山区输电线路容易受雷击；符合尖端放电的特性，基站铁塔建成后也会增大雷击的概率。

分析海拔高度、坡度、海拔差与地闪密度的相关性，发现地闪落雷区域的海拔高度、坡度、海拔差的概率分布近似服从对应的正态分布。从图4.23～图4.25可看出，地闪落雷点集中在海拔高度值为2000米左右区域，坡度值为28度左右区域，落雷区域海拔差为200米左右区域。用SAS中相关分析和回归算法得出海拔高度、坡度、海拔差与地闪密度的函数关系式，则孕灾环境综合指标可用以下公式表示。

地闪密度小于1.7次／（千米^2·年）（地闪均值）的区域：

$$y=4.19308 \times \frac{1}{\sqrt{2\pi} \times 9.5016} \times e^{-\frac{(x_1-26.5468)^2}{2 \times 9.5016^2}} + 1106.6350$$

$$\times \frac{1}{\sqrt{2\pi} \times 788.8534} \times e^{-\frac{(x_2-1973.999)^2}{2 \times 788.8534^2}} + 136.6581$$

$$\times \frac{1}{\sqrt{2\pi} \times 128.0018} \times e^{-\frac{(x_3-190.1482)^2}{2 \times 128.0018^2}}$$

地闪密度大于1.7次／（千米^2·年）（地闪均值）的区域：

$$y=22.7228 \times \frac{1}{\sqrt{2\pi} \times 9.6093} \times e^{-\frac{(x_1-25.9547)^2}{2 \times 9.6093^2}} + 2670.1743$$

$$\times \frac{1}{\sqrt{2\pi} \times 472.0069} \times e^{-\frac{(x_2-1885.413)^2}{2 \times 472.0069^2}} + 285.3929$$

$$\times \frac{1}{\sqrt{2\pi} \times 120.5552} \times e^{-\frac{(x_3-216.3652)^2}{2 \times 120.5552^2}}$$

式中，y为孕灾环境综合指标，x_1、x_2、x_3分别为坡度、海拔高度和海拔差。根据公式代入DEM数据计算并绘制雷电孕灾环境综合指标图层。

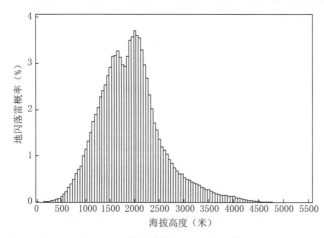

图4.23 地闪落雷点海拔高度值概率分布

将1千米×1千米的格点数据：地闪次数、海拔高度、坡度、海拔差数据代入模型，因截距项a_0对应的T检验P值不满足小于0.001，即不拒绝"该回归方程截距为0"的原假设，因此拟合去掉截距项a_0。拟合模型参数估计显示F检验的P值小于等于0.001，判断模型

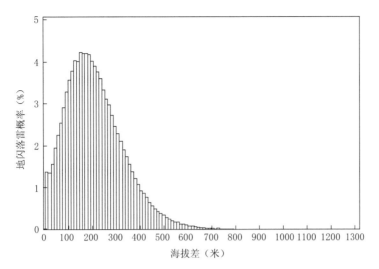

图 4.24　地闪落雷区海拔差概率分布

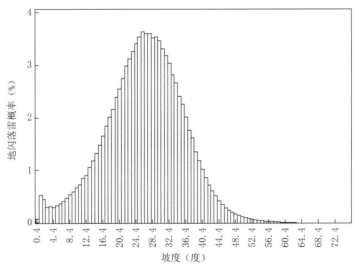

图 4.25　地闪落雷点坡度概率分布

有显著意义。

　　从图 4.26 可看出，模型拟合优度为 0.72，进一步说明模型假设显著成立。将 GIS 中提取的会泽县 DEM 数据代入模型计算得出会泽县雷电分布的拟合值，用其表征雷电灾害孕灾敏感性。

　　从图 4.27 可看出，会泽县雷电灾害孕灾高敏感区和次高敏感区主要分布在东部区域。高敏感区包括大井镇、雨碌乡、鲁纳乡和田坝乡。中敏感区位于次高敏感区的周边外延区域。会泽县大部分区域为次低敏感区和低敏感区，主要位于

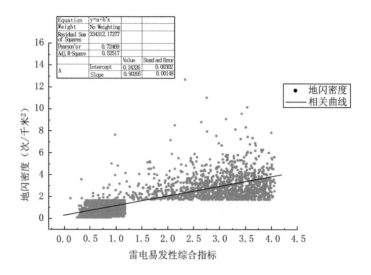

Equation	y=a+b*x	
Weight	No Weighting	
Residual Sum of Squares	334312.17277	
Pearson's r	0.72469	
Adj. R-Square	0.52517	
	Value	Stand ard Error
A Intercept	0.24326	0.00302
Slope	0.90205	0.00148

图 4.26　回归模型拟合诊断

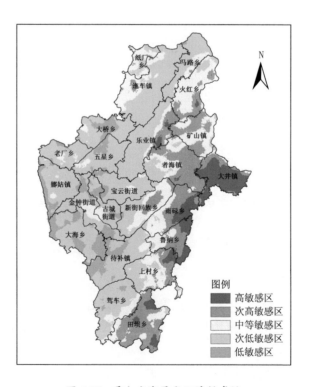

图例
■ 高敏感区
■ 次高敏感区
□ 中等敏感区
■ 次低敏感区
■ 低敏感区

图 4.27　雷电灾害孕灾环境敏感性

会泽县中部、西部、北部、西南部等区域。

4.4.4 承灾体易损性评估与区划

用2003—2017年会泽县雷电受灾面积、受灾人口、灾害造成经济损失、人口密度、地均GDP、土地利用类型综合因子、表征承灾体的易损性。这6个指标越大，发生雷电灾害造成损失的风险就越大。用熵值法计算这6个指标在表征承灾体易损性时的权重。然后用归一化的指标值乘以各自权重再相加，得到承灾体易损性综合指标，用ArcGIS根据指标值生成承灾体易损性综合指标图层。

表4.4 雷电灾害土地利用类型赋值

土地利用类型	编号	说明	格点数	赋值
耕地	11	水田	165	5
	12	旱地	699	5
林地	21	有林地	283	1
	22	灌木林	449	1
	23	疏林地	1155	1
	24	其他林地	2	1
草地	31	高覆盖度草地	1622	0.5
	32	中覆盖度草地	1278	0.5
	33	低覆盖度草地	128	0.5
水域	42	湖泊	2	0.1
	43	水库坑塘	22	0.1
	44	永久性冰川雪地	1	0.1
	46	滩地	3	0.1
城乡	51	城镇用地	8	10
	52	农村居民点	18	10
	53	其他建设用地	9	10
其他	66	裸岩石质地	39	0.1

土地利用类型数据来源为全国2015年的1∶100万土地利用数据中会泽县数据的提取。为了识别不同土地利用类型对雷电灾害承灾体易损性的影响，需对原始数据进行重新分类赋值，越容易遭遇雷电灾害的土地利用类型，赋值越大。表4.4为各种类型因子的赋值。将重新赋值的栅格数据导入GIS，再按乡镇边界对数据进行提取，用各乡镇土地利用类型的栅格数据累加之和作为土地利用类型影

响因子，归一化后与其他 5 个指标共同表征雷电灾害承灾体易损性。

用熵值法计算 6 个指标归一化后的权重，加权合成各乡镇的承灾体易损性综合指标：

$$y=0.04x_1+0.06x_2+0.04x_3+0.25x_4+0.28x_5+0.33x_6$$

式中，x_1、x_2、x_3、x_4、x_5、x_6 分别为乡镇人口密度、地均GDP、土地利用类型影响因子、作物受灾面积、经济损失、受灾人口。

如图 4.28 所示，会泽县雷电灾害承灾体高易损区主要分布在中部区域，包括大桥乡、县城（金钟、古城、宝云街道）和上村乡。次高易损区为马路乡、大海乡和五星乡。中等易损区位于火红乡、乐业镇、者海镇和驾车乡。次低易损区位于娜姑镇、迤车镇、大井镇和待补镇。低易损区位于纸厂乡、老厂乡、矿山镇、新街回族乡、雨碌乡、鲁纳乡和田坝乡。

4.4.5　雷电灾害风险区划

应用层次分析法计算雷电致灾因子综合指标图层、孕灾环境综合指标图层和承灾体易损性综合指标图层的权重分别为 0.46、0.13、0.41。用 ArcGIS 中的栅

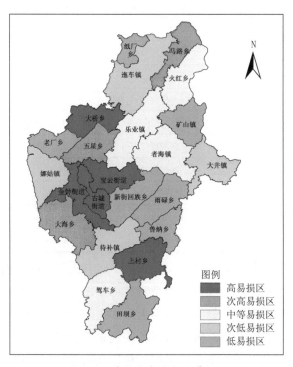

图 4.28　雷电灾害承灾体易损性

格计算器将三个图层按各自权重进行叠加，得出雷电灾害综合风险区划图。

从图 4.29 可看出，会泽县雷电灾害高风险区域、次高风险区域主要分布在中部，包括县城（金钟、古城、宝云街道）、大桥乡、大海乡、上村乡和大井镇部分区域。中等风险区位于五星乡、大井镇、雨碌乡和火红乡等区域。次低风险区位于马路乡、矿山镇、驾车乡、田坝乡和新街乡等区域。低风险区主要分布在娜姑镇、待补镇、老厂乡和纸厂乡等区域。

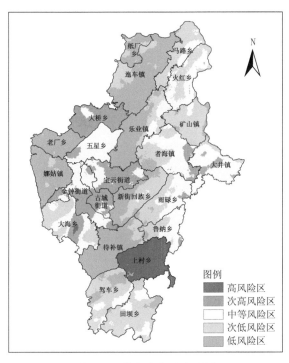

图 4.29　雷电灾害风险区划

4.4.6　区划结果检验

用各区域历年雷电灾害次数分布与区划结果进行对比验证。从图 4.30 可看出，把各乡镇的雷电灾害次数与雷电灾害风险区划值作散点相关分析，相关系数 R 为 0.64，通过 0.01 的显著性检验，说明雷电灾害风险区划结果与历史雷电灾害次数通过了极显著相关性检验，该雷电灾害风险区划模型的建立是科学合理的。

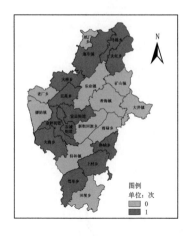

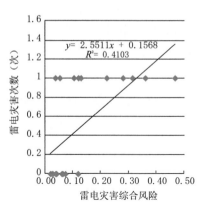

（a）雷电灾害次数　　　　　　　　　（b）雷电灾害综合风险

图 4.30　雷电灾害风险区划结果验证

4.5　暴雨洪涝灾害风险区划

4.5.1　暴雨洪涝灾害风险区划模型

暴雨洪涝灾害风险区划模型如图 4.31 所示，用 11 个指标加权后的综合指数表征暴雨洪涝灾害风险。

4.5.2　致灾因子危险性评估与区划

暴雨洪涝灾害主要是由于降水异常偏多、降水强度大引起的，因此其致灾风

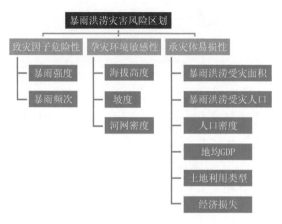

图 4.31　暴雨洪涝灾害风险区划模型

险与过程雨量及降雨时长密切相关。用暴雨过程强度指数来表征暴雨强度。一次降水过程中至少有一天的日累积降水量大于等于 50 毫米定义为一次暴雨过程。统计会泽县辖区内自动站历年日累计降水资料，将符合条件的暴雨日进行汇总排序，统计每个暴雨日的累计降水量、暴雨日最大小时降水量、暴雨日小时降水量大于等于 16 毫米小时数，用这三个指标表征每个暴雨日的暴雨强度。用熵值法计算三个指标的权重分别为 0.43、0.21、0.36，将三个指标值进行归一化处理后加权合成，得到每个暴雨日的暴雨强度，然后对每个站点的暴雨强度进行累加平均，再将站点暴雨强度平均值用反距离权重法进行插值，生成暴雨强度图层。用统计的各个站点暴雨次数生成暴雨频次图层。用熵值法计算暴雨强度和暴雨频次的权重分别为 0.35 和 0.65，再用栅格计算器按权重进行两个图层的叠加，得到暴雨致灾因子危险性图层。

从图 4.32 可看出，会泽县暴雨洪涝灾害致灾因子高危险区域主要集中在南部的田坝乡、驾车乡。次高危险区主要位于上村乡、鲁纳乡和大井镇。中等危险区主要分布于者海镇、大海乡、待补镇、纸厂乡和老厂乡。次低危险区分布广泛，主要位于迤车镇、火红乡、矿山镇、乐业镇和五星乡等区域。低危险区包括娜姑镇、马路乡和大桥乡等区域。

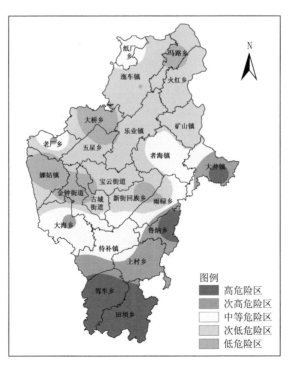

图 4.32　暴雨洪涝灾害致灾因子危险性

4.5.3 孕灾环境敏感性评估与区划

暴雨洪涝灾害孕灾环境主要考虑地形、水系等因子对洪涝灾害形成的综合影响。地形主要包括海拔高度和坡度。地势越低、坡度越小的平坦区域越不利于积水的排泄，容易造成洪涝灾害。水系主要考虑河网密度。河网越密集，距离河流、湖泊、大型水库越近的区域遭受洪涝灾害的风险越大。用1千米×1千米栅格提取海拔、坡度、河网密度数据，用熵值法计算三个指标的权重分别为0.34、0.33、0.33，将三个指标值进行归一化处理后加权合成得到暴雨孕灾环境敏感性图层。

从图4.33可看出，会泽县暴雨灾害孕灾敏感性高敏感区主要是者海镇、迤车镇和娜姑镇等区域。次高敏感区主要是迤车镇、乐业镇、者海镇、新街回族乡北部和雨碌乡等区域。低敏感区分布在位于西南部的大海乡、驾车乡，北部的纸厂乡、马路乡等区域。

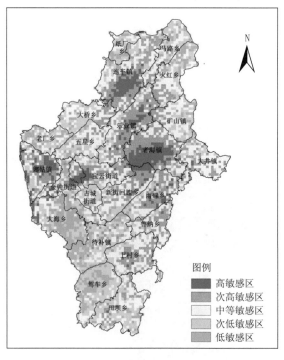

图4.33 暴雨洪涝灾害孕灾环境敏感性

4.5.4 承灾体易损性评估与区划

用 2003—2017 年会泽县暴雨洪涝受灾面积、受灾人口、灾害造成经济损失、人口密度、地均 GDP、土地利用类型综合因子表征承灾体的易损性。这 6 个指标越大，发生暴雨洪涝造成损失的风险就越大。以乡镇为单位统计这 6 个指标值，并进行归一化处理，用熵值法计算这 6 个指标在表征承灾体易损性时的权重。然后用归一化的指标值乘以各自权重再相加，得到承灾体易损性综合指标，用 ArcGIS 根据指标值生成承灾体易损性综合指标图层。

为了识别不同土地利用类型对暴雨洪涝灾害承灾体易损性的影响，需对原始数据进行重新分类赋值，越容易遭遇暴雨洪涝灾害的土地利用类型，赋值越大。表 4.5 为各种类型因子的赋值。将重新赋值的栅格数据导入 GIS，再按乡镇边界对数据进行提取，用各乡镇土地利用类型的栅格数据累加之和作为土地利用类型影响因子，归一化后与其他 5 个指标共同表征暴雨洪涝灾害承灾体易损性。

表4.5 暴雨洪涝灾害土地利用类型赋值

土地利用类型	编号	说明	格点数	赋值
耕地	11	水田	165	5
	12	旱地	699	5
林地	21	有林地	283	1
	22	灌木林	449	1
	23	疏林地	1155	1
	24	其他林地	2	1
草地	31	高覆盖度草地	1622	0.5
	32	中覆盖度草地	1278	0.5
	33	低覆盖度草地	128	0.5
水域	42	湖泊	2	0.1
	43	水库坑塘	22	0.1
	44	永久性冰川雪地	1	0.1
	46	滩地	3	0.1

土地利用类型	编号	说明	格点数	赋值
城乡	51	城镇用地	8	10
	52	农村居民点	18	10
	53	其他建设用地	9	10
其他	66	裸岩石质地	39	0.1

用熵值法计算 6 个指标归一化后的权重, 加权合成各乡镇的承灾体易损性综合指标:

$$y=0.12x_1+0.17x_2+0.12x_3+0.16x_4+0.18x_5+0.26x_6$$

式中, x_1、x_2、x_3、x_4、x_5、x_6 分别为乡镇人口密度、地均GDP、土地利用类型影响因子、作物受灾面积、经济损失、受灾人口。

如图 4.34 所示, 会泽县暴雨洪涝灾害承灾体高易损区主要分布在中部区域, 包括县城(金钟、古城、宝云街道)、乐业镇、者海镇和马路乡。次高易损区为娜姑镇、待补镇和田坝乡。中等易损区包括雨碌乡、大桥乡、迤车镇和纸厂乡。次低易损区包括上村乡、鲁纳乡、大井镇、五星乡、老厂乡和火红乡。低易损区

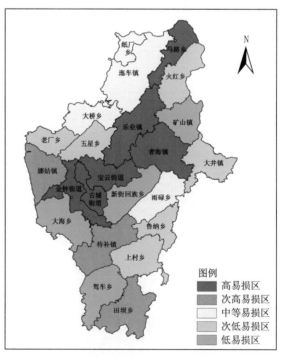

图 4.34 暴雨洪涝灾害承灾体易损性

位于驾车乡、大海乡、新街回族乡和矿山镇。

4.5.5 暴雨灾害风险区划

应用层次分析法计算暴雨致灾因子综合指标图层、孕灾环境综合指标图层和承灾体易损性综合指标图层的权重分别为0.44、0.39、0.17。用ArcGIS中的栅格计算器将三个图层按各自权重进行叠加，得出暴雨灾害综合风险区划图。

从图4.35可看出，会泽县暴雨洪涝灾害高风险区域和次高风险区主要分布在中部和南部，包括田坝乡、驾车乡、县城（金钟、古城、宝云街道）、者海镇、鲁纳乡和大井镇等区域。次低风险区和低风险区主要分布在中北部，包括新街回族乡、老厂乡、大桥乡、五星乡、大海乡、矿山镇和火红乡等区域。

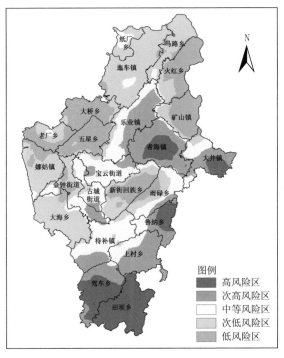

图 4.35　暴雨洪涝灾害风险区划

4.5.6 区划结果检验

用各区域历年暴雨洪涝灾害次数分布与区划结果进行对比验证。从图4.36可看出，把各乡镇的暴雨洪涝灾害次数与暴雨洪涝灾害风险区划值作散点相关分析，相关系数 R 为 0.42，通过 0.01 的显著性检验，说明暴雨洪涝灾害风险区划结果与历史暴雨灾害次数通过了极显著相关性检验，该暴雨洪涝灾害风险区划是科学合理的。

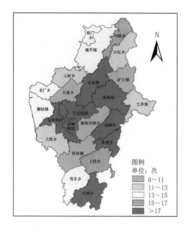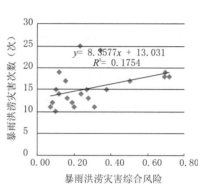

（a）暴雨洪涝灾害次数　　　　　（b）暴雨洪涝灾害综合风险

图 4.36　暴雨洪涝灾害风险区划结果验证

4.6　低温冷冻灾害风险区划

4.6.1　低温冷冻灾害风险区划模型

低温冷冻灾害风险区划模型如图 4.37 所示，用 11 个指标加权后的综合指数

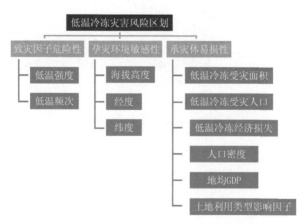

图 4.37　低温冷冻灾害风险区划模型

表征低温冷冻灾害风险。

4.6.2 致灾因子危险性评估与区划

低温冷冻灾害主要是由于气温骤然下降到 0℃以下、且持续时间较长引起的，致灾风险与低温持续时间及温度下降率密切相关。用低温强度指数来表征低温强度。一次降温过程中至少有一天的日平均温度低于 0℃定义为一个低温日。统计会泽县辖区内自动站历年日温度变化资料，筛选出符合条件的低温日，统计每个低温日的最低温度、平均温度、以及连续低温次数（1 次低温过程大于等于 2 天定义为一次连续低温过程），用这 3 个指标表征低温强度。用熵值法计算 3 个指标的权重分别为 0.23、0.36、0.41，将 3 个指标值进行归一化处理后加权合成，得到每个站点的低温强度，再将站点低温强度值用反距离权重法进行插值，生成低温强度图层。用统计的各个站点低温日数生成低温频次图层。用熵值法计算低温强度和低温频次的权重分别为 0.6 和 0.4，再用栅格计算器按权重进行两个图层的叠加，得到低温冷冻灾害致灾因子危险性图层。

从图 4.38 可看出，会泽县低温冷冻灾害致灾因子高危险区域主要集中在南部的驾车乡、大海乡，以及北部的大桥乡、马路乡和火红乡。次高危险区和中等

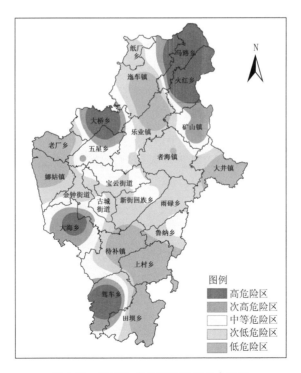

图 4.38　低温冷冻灾害致灾因子危险性

危险区位于高危险区的外延区域。次低危险区位于者海镇、雨碌乡和纸厂乡等区域。低危险区位于田坝乡、上村乡、待补镇、老厂乡和大井镇等区域。

4.6.3　孕灾环境敏感性评估与区划

运用致灾因子与孕灾环境相关回归分析法得到孕灾环境敏感性图层。将统计的各站点低温频次与海拔高度、经纬度、坡度分别进行相关分析，建立回归模型。如果所有样本值均在95%置信限预测区间内，拟合优度达到0.8以上，拟合模型参数估计显示F检验的P值小于0.001，则判断模型有显著意义。通过函数关系运用站点海拔高度、经纬度、坡度值进行内插，得到孕灾环境敏感性图层。在相关性分析过程中，预选的海拔高度、经纬度、坡度指标中如有相关性较弱的，将被剔除，只保留通过样本检验的指标。根据站点低温频次与站点海拔高度、经度、纬度的散点图分布，推测回归模型为：

$$y=a_0+a_1h+a_2j+a_3w$$

式中，h为海拔高度，j为经度，w为纬度。调用SAS中REG过程，用逐步筛选法STEPWISE选择最佳回归模型，并对模型进行诊断。

将各站点低温频次、经度、纬度、海拔高度数据代入模型，因截距项a_0对应的T检验P值不满足小于0.001，即不拒绝"该回归方程截距为0"的原假设，因此拟合去掉截距项a_0。通过方差分析表和参数估计显示，拟合模型参数估计显示F检验的P值小于0.001，判断模型有显著意义。

从图4.39可看出，模型残差满足误差项随机，且近似为正态分布的原假设，模型拟合优度为0.8473，进一步说明模型假设显著成立。从而得出孕灾环境敏感性的关系式为：

$$y=0.064h-10.42j+37.29w$$

将GIS中提取的会泽县DEM数据代入模型计算得出会泽县低温分布的拟合值，用其表征低温冷冻灾害孕灾敏感性。

从图4.40可看出，会泽县低温灾害孕灾高敏感区分布广泛，随海拔变化趋势明显。高敏感区主要是大海乡、大桥乡、老厂乡、纸厂乡、火红乡等区域。次高敏感区位于高敏感区周边区域。中等敏感区位于会泽县中东部的乐业镇、者海镇等区域。低敏感区范围较小，只在娜姑镇西部小部分区域。次低敏感区主要包括娜姑镇、田坝乡、大井镇、上村乡等区域。

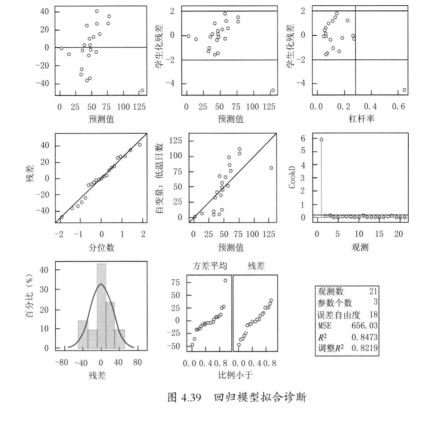

拟合诊断：低温

观测数	21
参数个数	3
误差自由度	18
MSE	656.03
R^2	0.8473
调整R^2	0.8219

图 4.39　回归模型拟合诊断

4.6.4　承灾体易损性评估与区划

　　用 2003—2017 年会泽县低温冷冻受灾面积、受灾人口、灾害造成经济损失、人口密度、地均 GDP、土地利用类型综合因子表征承灾体的易损性。这 6 个指标越大，发生低温冷冻灾害造成损失的风险就越大。以乡镇为单位统计这 6 个指标值，并进行归一化处理，用熵值法计算这 6 个指标在表征承灾体易损性时的权重。然后用归一化的指标值乘以各自权重再相加，得到承灾体易损性综合指标，用 ArcGIS 根据指标值生成承灾体易损性综合指标图层。

　　土地利用类型数据来源为全国 2015 年的 1∶100 万土地利用数据中会泽县数据的提取。为了识别不同土地利用类型对低温冷冻灾害承灾体易损性的影响，需对原始数据进行重新分类赋值，越容易遭遇低温冷冻灾害的土地利用类型赋值越大。表 4.6 为各种类型因子的赋值。将重新赋值的栅格数据导入 GIS，再按乡镇边界对数据进行提取，用各乡镇土地利用类型的栅格数据累加之和作为土地利用类型影响因子，归一化后与其他 5 个指标共同表征低温冷冻灾害承灾体易损性。

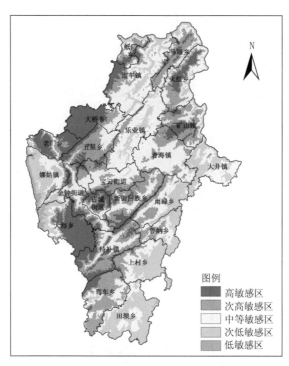

图 4.40 低温冷冻灾害孕灾环境敏感性

表4.6 低温冷冻灾害土地利用类型赋值

土地利用类型	编号	说明	格点数	赋值
耕地	11	水田	165	10
	12	旱地	699	10
林地	21	有林地	283	1
	22	灌木林	449	1
	23	疏林地	1155	1
	24	其他林地	2	1
草地	31	高覆盖度草地	1622	0.5
	32	中覆盖度草地	1278	0.5
	33	低覆盖度草地	128	0.5
水域	42	湖泊	2	0.1
	43	水库坑塘	22	0.1

土地利用类型	编号	说明	格点数	赋值
水域	44	永久性冰川雪地	1	0.1
	46	滩地	3	0.1
城乡	51	城镇用地	8	5
	52	农村居民点	18	5
	53	其他建设用地	9	5
其他	66	裸岩石质地	39	0.1

用熵值法计算6个指标归一化后的权重，加权合成各乡镇的承灾体易损性综合指标：

$$y=0.06x_1+0.08x_2+0.06x_3+0.32x_4+0.32x_5+0.16x_6$$

式中，x_1、x_2、x_3、x_4、x_5、x_6分别为乡镇人口密度、地均GDP、土地利用类型影响因子、作物受灾面积、经济损失、受灾人口。

如图4.41所示，会泽县低温冷冻灾害承灾体高易损区主要分布在中部区域，

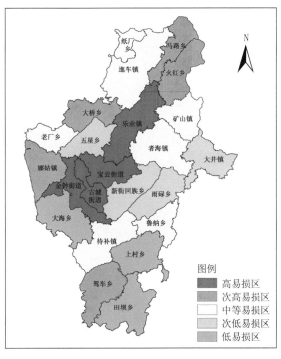

图 4.41　低温冷冻灾害承灾体易损性

包括县城（金钟、古城、宝云街道）和乐业镇。次高易损区位于驾车乡、娜姑镇、大桥乡、火红乡和马路乡。中等易损区位于待补镇、鲁纳乡、者海镇、矿山镇、老厂乡、迤车镇和纸厂乡。次低易损区位于五星乡、新街回族乡、雨碌乡和大井镇。低易损区位于大海乡、上村乡和田坝乡。

4.6.5 低温冷冻灾害风险区划

应用层次分析法计算低温致灾因子综合指标图层、孕灾环境综合指标图层和承灾体易损性综合指标图层的权重分别为0.46、0.13、0.41。用ArcGIS中的栅格计算器将三个图层按各自权重进行叠加，得出低温灾害综合风险区划图。

从图4.42可看出，会泽县低温冷冻灾害高风险区域主要分布在中部和北部，包括大桥乡、县城（金钟、古城、宝云街道）、马路乡、火红乡和驾车乡。次高风险区主要位于驾车乡、火红乡和马路乡等区域。中等危险区位于乐业镇、矿山镇和大海乡等区域。次低风险区位于娜姑镇、老厂乡、新街回族乡、雨碌乡和者海镇等区域。低风险区主要分布在南部，包括田坝乡、上村乡和大井镇等区域。

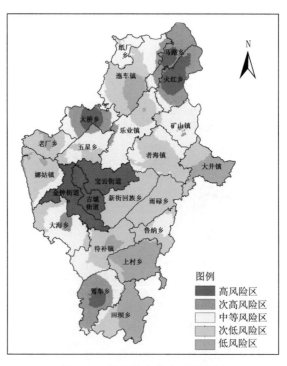

图4.42 低温冷冻灾害风险区划

4.6.6 区划结果检验

用各区域历年低温冷冻灾害次数分布与区划结果进行对比验证。从图 4.43 可看出，把各乡镇的低温冷冻灾害次数与低温冷冻灾害风险区划值作散点相关分析，相关系数 R 为 0.41，通过 0.01 的显著性检验，说明低温冷冻灾害风险区划结果与历史低温冷冻次数通过了极显著相关性检验，该低温冷冻灾害风险区划模型的建立是科学合理的。

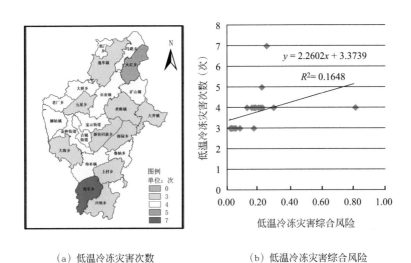

（a）低温冷冻灾害次数　　　　　　（b）低温冷冻灾害综合风险

图 4.43　低温冷冻灾害风险区划结果验证

第 5 章
会泽县气象防灾减灾地图

5.1 资料与方法

5.1.1 数据来源

气象防灾减灾地图数据包括：气象数据、地理信息数据、社会经济数据、灾情资料等。

（1）气象数据：气象数据来源于云南省气象局和会泽县气象局，包括国家气象站和区域自动站 2008—2017 年的逐月、逐日、逐小时的降水、温度、湿度等气象资料，以及观测站点、人影防雹点的地理位置信息。

数据处理：统计会泽县 2008—2017 年暴雨日数、大风日数、历年冰雹日数、干旱日数等资料，运用降水、温度、湿度等气象资料建立各气象灾害强度模型，生成各个气象灾害种类的强度指标。

（2）地理信息数据：基础地理数据是空间型的基础数据集，它是将国家基本比例尺地形图上各类要素包括水系、境界、交通、居民地、地形、土地利用等按照一定的规则分层、按照标准分类编码，对各要素的空间位置、属性信息及相互间空间关系等数据进行采集、编辑和处理建成的数据集。所使用的基础地理数据为云南省 1∶250 000GIS 地图中的 DEM 地形高程、坡度、土地利用类型、河网等数据；乡镇行政边界、乡镇行政驻地、自然村寨、学校、医院、旅游景点、车站、桥梁、河流、水库、电站、铁路、公路等地理信息图层数据。

数据处理：将地理数据进行格式转换、数据拼接、裁剪、融合、计算、数据图层叠加等资料整理工作。

（3）社会经济数据：最近年份人口密度、人均 GDP、城镇化率等数据。农业园区、地下停车场和商场等城市内涝隐患点、人口密集区，以及应急避难场所、应急物资储备点、救援力量等防灾救灾设施的地理位置数据。

数据处理：根据按乡镇为单位统计的点数据在 GIS 中以 PAC 码为识别符转换为面数据。

（4）灾情资料：暴雨灾害的灾情统计，包括灾害次数、灾害发生乡镇、人员损失、经济损失等。

数据处理：将收集的灾情记录按乡镇转换为受灾次数、受灾面积、经济损失等数据信息，再在 GIS 中以 PAC 码为识别符转换为面数据。

5.1.2 技术方法

（1）气象灾害防御地图

按照 GB/T 12343.2—2008《国家基本比例尺地图编绘规范 第 2 部分：1∶250 000 地形图编绘规范》及区划编制相关标准要求，结合当地气候特点及气象防灾减灾重点区域、气象灾害风险主要隐患点、防灾救灾装备物资等为指标综合分析绘制，将气象防灾减灾作战区分为一级、二级和三级，以行政村或乡镇为单位，按不同颜色标识出气象防灾减灾作战区域，清晰明了突出主要防灾减灾重点作战区域。作战区分区方法如下：

①统计各乡镇（街道）标注图层标注点的数量，用熵值法计算各图层标注点的权重，对数据进行归一化和标准化处理。人员密集区数量和自然灾害隐患点数量与灾害风险呈正比，按大者为优进行标准化；观测站点和防灾救灾设施数量与灾害风险呈反比，按小者为优进行标准化处理。

②归一化步骤：为消除各指标量纲差异，需对每一个指标值进行归一化处理，生成标准化矩阵。

a. 对大者为优的参数：$r_{ij} = \dfrac{x_{ij} - \min\limits_{1 \leqslant j \leqslant n} x_{ij}}{\max\limits_{1 \leqslant j \leqslant n} x_{ij} - \min\limits_{1 \leqslant j \leqslant n} x_{ij}}$；

b. 对小者为优的参数：$r_{ij} = \dfrac{\max\limits_{1 \leqslant j \leqslant n} x_{ij} - x_{ij}}{\max\limits_{1 \leqslant j \leqslant n} x_{ij} - \min\limits_{1 \leqslant j \leqslant n} x_{ij}}$；

③熵值法和数据标准化法的步骤：如有 m 个评价参数，n 个评价样本，形成原始数据矩阵 $X = (x_{ij})_{m \times n}$，对于某项参数 x_i，在第 j 个样本中的参数值 x_{ij} 的差异越大，则该参数在综合评价中所起的作用越大。计算步骤为：

a. 计算第 i 个参数在 n 个样本中特征比重 $P_{ij} = r_{ij} / \sum\limits_{j-1}^{n} r_{ij}$；

b. 计算第 i 个参数的熵值，$e_i = -k\sum\limits_{j-1}^{n} p_i \text{gl} n p_{ij}$；$k = 1/1nn$

c. 计算第 i 个参数的差异性系数。在 n 个样本中，x_{ij} 的差异越小，则 e_i 越大，当 x_{ij} 全部相等时，$e_j = 1$，此时对于样本间的比较，参数 x_i 无作用；当 x_{ij} 差异越大，e_i 越小，参数 x_i 起的作用比较大，定义差异系数 $g_i = 1 - e_i$，g_i 越大该参数作用越大；

d. 确定归一化后的权数 $w_i = g_i \sum\limits_{j-1}^{m} g_i$。

采用防灾减灾作战区划作为底图，在底图上叠加以下信息：

①行政区域图层：包含县级、乡级政府驻地、办事处、社区居委会等信息。

②交通信息图层：包含铁路、公路、城市道路、乡道、桥梁等信息。

③气象防灾减灾重点区域图层：包含学校、医院、车站、旅游景点等人员密集区，易燃易爆场所、工矿企业、农业园区等信息。

④气象灾害风险隐患点图层：包含河流、水库、山洪沟、地质灾害风险隐患点等信息。

⑤防灾救灾设施图层：包含气象观测站、水文观测站、人影防雹点、应急避难场所、应急物资储备点和救援力量等信息。

⑥主要气象灾害移动路径图层：包含会泽县主要气象灾害种类、历史灾情分布点、灾害性天气过程主要来向等信息。

⑦灾害性天气分区防御图层：采用颜色或图例符号标明气象防灾减灾责任区、警戒区、监视区。按照云南省县级灾害性天气分区监测预警服务指导意见，本行政区范围为责任区，责任区外延 30 千米为警戒区，警戒区外延 30 千米为监视区。

（2）主要气象灾害防御地图

按照 GB/T 12343.2—2008《国家基本比例尺地图编绘规范 第 2 部分：1:250 000 地形图编绘规范》及区划编制相关标准要求，编制会泽县主要气象灾害（暴雨、冰雹）易发区划。根据当地主要气象灾害（暴雨、冰雹）的历史数据，分析致灾因子、孕灾环境、承灾体，确定模型和指标，编制主要气象灾害风险区划图，包含气象灾害易发区域和防范等级划分。采用暴雨和冰雹灾害风险区划作为底图，在底图上叠加以下信息：

①行政区域图层：包含县级、乡级政府驻地、办事处、社区居委会等信息。

②防灾救灾设施图层：包含气象观测站、水文观测站、人影防雹点、应急避难场所、应急物资储备点和救援力量等信息。

（3）主城区卫星遥感影像图

采用从国家卫星中心获取的高分辨率卫星遥感影像图作为底图，能分辨出地形地貌、河流水系、植被分布、村庄、道路、街区、建筑设施等。遥感影像图覆盖主城区（金钟、古城、宝云3个街道），在底图上采用图例符号标明气象防灾减灾重点区域、重点单位、防灾救灾设施分布等位置信息。包括：应急避难场所、人员密集区、城市内涝隐患点、撤离路线等信息。

5.2 会泽县气象防灾减灾地图

会泽县气象防灾减灾地图包括气象灾害防御地图（图5.1）、冰雹灾害防御图（图5.2）、暴雨灾害防御图（图5.3）、主城区卫星遥感影像图（图5.4）。

会泽县气象灾害防御地图显示，会泽县灾害性天气入侵方向主要是东北方向，气象灾害防御第一作战区包含迤车镇、者海镇、金钟街道、古城街道、宝云街道、大海乡、上村乡；第二作战区包含马路乡、火红乡、乐业镇、大井镇、雨碌乡、新街回族乡、待补镇、驾车乡、田坝乡、娜姑镇；第三作战区包含纸厂乡、矿山镇、大桥乡、五星乡、老厂乡、鲁纳乡。在会泽县气象灾害防御作战图自然灾害隐患点图层共标注地质灾害隐患点483个，危化点29个，水库35个，农业园区10个，城市内涝隐患点5个；在观测站点图层共标注气象自动站58个，水文观测站6个；在防灾减灾图层共标注应急避难场所3个，救援力量3个，应急物资储备点3个，人影防雹点15个。

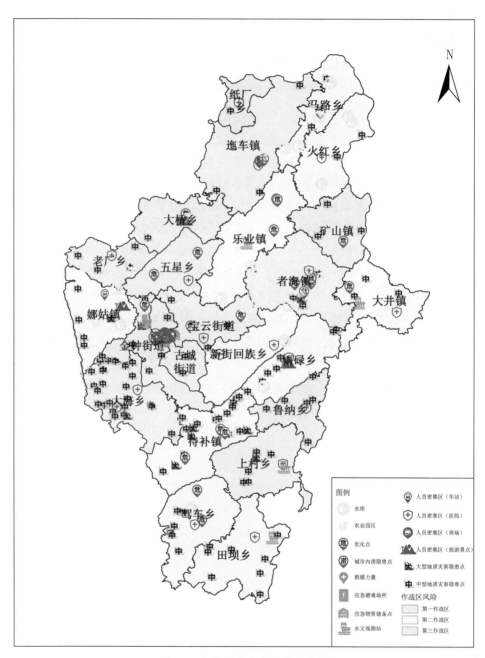

图 5.1　会泽县气象灾害防御地图

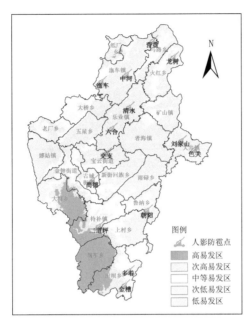

图 5.2　会泽县冰雹灾害防御图

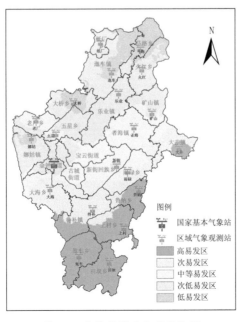

图 5.3　会泽县暴雨灾害防御图

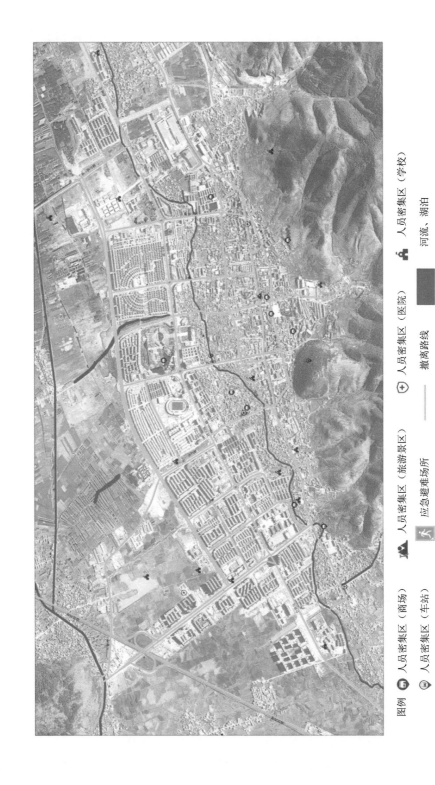

图例 Ⓖ 人员密集区（商场）　　人员密集区（旅游景区）　⊕ 人员密集区（医院）　人员密集区（学校）

Ⓑ 人员密集区（车站）　　应急避难场所　　　　撤离路线　　　　河流、湖泊

图 5.4　会泽县主城区卫星遥感影像图

主要参考资料

陈启亮，2017．农业自然灾害社会脆弱性评价与管理[D]．重庆：西南大学．

陈有利，钱燕珍，胡波，等，2017．宁波市主要气象灾害风险评估与区划[M]．北京：气象出版社．

陈宗瑜，2001．云南气候总论[M]．北京：气象出版社．

程建刚，王学峰，范立张，等，2009．近50年来云南气候带的变化特征[J]．地理科学进展，28(1):18-24．

程建刚，晏红明，严华生，等，2009．云南重大气候灾害特征和成因分析[M]．北京：气象出版社．

达月珍，孙绩华，黄中艳，等，2015．云南气象防灾减灾手册[M]．昆明：云南人民出版社．

段玮，胡娟，赵宁坤，等，2017．云南冰雹灾害气候特征及其变化[J]．灾害学32(02):90-96．

刘和平，代佩玲，2008．河南大风灾害分布特征及成因分析[J]．气象与环境科学(S1):135-137．

刘建华，程建刚，秦剑，等，2006．中国气象灾害大典（云南卷）[M]．北京：气象出版社．

马敏象，倪诚蔚，王小李，等，2017．科技应对气候变化与云南实际[M]．昆明：云南人民出版社，2017．

缪霄龙，缪启龙，宋健，等，2012．杭州地区雷雨大风灾害风险区划[J]．气象与减灾研究，35(03):45-50．

秦剑，琚建华，解明恩，等，1997．低纬高原天气气候[M]．北京：气象出版社．

史培军，1996．再论灾害研究的理论与实践[J]．自然灾害学报，5(4):6-17．

宋建洋，柳艳香，田华，等，2018.我国高速公路大风灾害风险评估与区划研究[J]．公路，63(12):182-187．

孙绍骋，2001．灾害评估研究内容与方法探讨[J]．地理科学进展，20(2)：122-130．

唐川，朱静，2005．基于GIS的山洪灾害风险区划[J]．地理学报，60(1)：87-94．

王博，崔春光，彭涛，等，2007．暴雨灾害风险评估与区划的研究现状与进展[J]．暴雨灾害（03)：281-286．

王国华，苗长明，缪启龙，等，2013．杭州市气象灾害风险区划[M]．北京：气象出版社．

王慧，邓勇，尹丽云，等，2007．云南省雷电灾害易损性分析及区划[J]．气象，33(12)：83-87．

王迎春，郑大玮，李青春，2009．城市气象[M]．北京：气象出版社．

王颖，王晓云，江志红，等，2013．中国低温雨雪冰冻灾害危险性评估与区划[J]．气象，39(05)：585-591．

王宇，2006．云南山地气候[M]．昆明：云南科技出版社．

王宇，1990．云南省农业气候资源及区划[M]．北京：气象出版社．

谢应齐，杨子生，1995．云南省农业自然灾害区划指标之探讨[J]．自然灾害学报（03)：52-59．

徐裕华，1991．西南气候[M]．北京：气象出版社．

云南省地方志编纂委员会，1998．云南省志·地理志[M]．昆明：云南人民出版社．

云南省会泽县志编纂委员会，2008．会泽县志（1986—2000）[M]．昆明：云南人民出版社．

云南省气象局，1975．冰雹[M]．昆明：云南人民出版社．

云南省气象局，1982．云南气候图册[M]．昆明：云南人民出版社．

云南省气象局，2014．云南未来10～30年气候变化预估及其影响评估报告[M]．北京：气象出版社．

云南省气象局，2017．云南省气候图集[M]．北京：气象出版社．

云南省灾害防御协会，1999．云南省四十年主要灾害调查（1950—1990）[M]．昆明：云南科技出版社．

张继权，李宁，2007．主要气象灾害风险评价与管理的数量化方法及其应用[M]．北京：北京师范大学出版社．

张青，2018．GIS技术在气象灾害风险区划中的应用[J]．南方农业，12(06)：126-127．

章国材，2010．气象灾害风险评估与区划方法[M]．北京：气象出版社．